管理真的很容易

讓管理從「逆境」到「順境」的心思維

廖俊偉 編著

自序

本書書名「管理真的很容易」，管理真的很容易嗎? 真正從事管理工作的人大都會認為「管理真的很不容易」。因為管理所要面對的是外界不同的環境和不同的人、事、物，它與外界環境的關係緊密結合，而且外界的環境是隨時在變化，這與我們在學校所學的管理知識有一段的落差，而且所謂管理理論，每每隨不同時間和地區而有不同，眾說紛紜、派別眾多，各自建構在不同的前提和假設上，因此，管理真的很不容易；再者，如果你對易理有一些了解的話，你一看到「管理真的很容易」，你一定會想到「管理真的很不容易」，因為從易經的思維來看，管理這件事本身就是一個太極，它陰陽是同時存在的，陽中有陰，陰中有陽，而且是隨時在變化的，從實務來看，管理真的很不容易。「管理真的很容易」這裡的「易」指的是易經的智慧。管理除了我們平常所理解的管理知識外，也可以容納易經的智慧，可以讓管理的工作更能得心應手。

為什麼要編寫這一本書。說來話長，我從大學畢業後進入國營事業工作，大部分的時間都是在從事管理工作，從基層主管、中階主管，一路做到高階主管。從事管理工作的時間將近 30 年。在這期間也去進修，包括 EMBA 碩士及管理博士學位，也在大學教管理相關課程，感覺所學的管理知識在管理實務上，並沒有太大的運用，有學者也點出了，為什麼會有人認為管理深奧難懂？問題就出在，將管理看作是一門「學問」這一刻板印象上。凡是學問，就是遠離現實的。

在偶然的機會，聽了美國加州州立大學陳明德教授在台大開的「易經與管理」課程、研讀美國哈佛大學哲學博士成中英教授所著「C 理論—易經管理哲學」及台灣師範大學曾仕強教授的「易經的智慧」與「易經管理」相關系列的課程，也做了不少筆記。及研讀其他專家學者的研究發表論文，之後開始對閱讀「易經」有了感覺。其實以前在唸大學時就有接觸易經相關的課程，但是當時讀的時候，沒有什麼感覺，大概只是為了應付考試，考完之後就全還給老師，不過在聽過陳明德教授及曾仕強教授的課程之後，再閱讀易經時就比較看得懂，自己想是不是因為年紀大了，有了人生的歷練的原因，後來又發現，在管理工作上的作為，以前都搞不清楚為什麼。但是在讀過「易經」之後，可以從易經的道理中得到解釋，讓我對易經管理更加有興趣，也廣泛閱聽相關學者的書籍及教學視頻，發現易經的道理可以對管理工作有很大的助益，但「易經」內容深奧，對一般人來說真的不易讀懂，尤其是其經文更是很難理解，再者，很多人對「易經」又有些誤解，認為「易經」是一本算命看風水的書。因此興趣缺缺；另有關易經研究學者及專家，他們所講的內容過於深奧，又以解釋易經內容為主，枯燥乏味；另有更多數都在講易經卜卦及算命的內容，這些都是易經的小用，對管理的助益基本上不大，真是很可惜。

實際上在管理實務，有些管理者可能管的很好，績效也不錯，但是把許多人都得罪了，這對企業、對工廠並不是好事。另有些管理者，雖然也管的不錯，也能達標，但是自已累的半死，也快被別人給氣死了，這對管理者也不是好事。但是有些管理者管得很輕鬆，管的好像沒有在管一樣，團隊一團和氣，和樂融融，也能順利達標，完成上級交付的任務，給人的感覺是幸福企業，同樣是學管理，同樣是做管理的工作，用同樣的管理知識，為什麼會有這樣的差別，背後一定有它的原因。

因此，就起了一念頭，是不是可以利用管理學上的８０/２０法則的概念。從這些專家學者所講的內容中，及自己的閱讀筆記，整理出一些對管理比較相關的道理，而且儘量用大家可以理解的語言，少用艱澀難懂的經文內容，希望能引起管理者的興趣，如果需要更進一步深入研究，再深入研讀經文及相關學者的論述，或許對管理者比較有幫助。更希望「易經」的管理智慧能讓管理工作，做得輕鬆愉快。同仁也樂在工作，上級也放心，也能順利完成任務，讓企業獲利。以上是編寫「管理真的很容易」這本書的初衷，但是編者才疏學淺，對易經的了解還是很粗淺有限，解讀功力不足，大都整理或引用專家學者的論述，把它彙編成書，如果讀者有興趣想更進一步深入研究，再找易經相關專家學者發表的內容來研讀，或許是一個比較好的學習方式。本書內容如有謬誤不當之處，還請讀者多多包涵與指正。

民國七十七年高考分發至台灣省菸酒公賣局(現已改制為台灣菸酒股份有

限公司)包裝材料廠(現已更名為桃園印刷廠)服務，同年也考上文化大學印刷研究所，在時任廠長張再生教授的協助、鼓勵與支持下，同時兼顧工作，並完成研究所學業，畢業後利用公餘時間至大學兼任教職，獲益匪淺，非常感謝。很多管理思考、用人哲學與做人處事的方法深受張廠長的影響，對往後的公職生涯受益無窮。今年春節前拜見張廠長，才知張廠長已珍壽之齡，身體硬朗，神采奕奕，思路清晰，記憶力更是另人佩服，當下一時興起懇請張廠長可否為拙著作序，張廠長一口應允，以九五之尊為本書賜序，著時令人敬佩與感動。

王祿旺教授是我在文化大學印刷研究所碩士論文的指導教授，是我研究生涯的啓蒙老師，恩師除了傳授專業知識、指導寫作技巧之外，對於如何做學問、對研究思考的獨到見解及為人處事等方面亦不吝諄諄教誨，受益匪淺，對往後的進修生涯有莫大的影響。今年春節前夕拜訪恩師，稟告個人拙著初稿已完成，承蒙恩師的指正，並利用春節年假期間作序，非常感恩與感謝。

最後，本書將引用及參考資料來源都於頁末註明，並彙整於書後的參考文獻，因為參考引用的資料繁多，恐有疏漏，如有遺漏未列的引用參考文獻，在此僅向原作者表示至深的歉意，也向這些資料原作者對學術的貢獻表示敬意與感謝。

管理真的很容易

張序

廖博士俊偉相交近半世紀，新著"管理真的很容易"付梓在即，囑余為序，老朽甲辰適近九五，一嘆一吟皆有勇氣，我為知己欣然！

廖著以易經融入現代管理，深感敬佩！論太空科學我們不及西方，論規範科學我們老祖宗有先見之明："物有本末，事有終始，知所先後，則近道矣。"易經裏的"元亨利貞"早有提示。廖著能以八卦圖解，並引述諸多考証，為管理融會一氣，不啻為當前教育注射一劑強心針！謹以數字之為序。

春
日新
福臨門
歲逢甲辰
明德而親民
陰陽化泰乾坤
顧諟天命厥大本
易經導向鎔基紮根
寬懷大度方能担重任
管理真的很容易勉群倫
時逢濁世宏著匡人心
融會貫通法古勵今
學用兩宜弘德馨
天行健耀偉俊
福種地勢坤
靄靄白雲
傳佳音
又新
春

俊偉博士新著

再生九五

王序

易經是一部博大精深的經典著作，它不僅闡述了自然哲學和社會哲學，也包含了豐富的管理思想。運用易經作管理工作，可以幫助領導者提高管理水平，提升團隊的凝聚力和戰鬥力。易經中的陰陽平衡思想，對於管理工作具有重要的指導意義。在管理中，領導者需要處理好各種矛盾和關係，如人與人之間的矛盾、個人利益與團隊利益之間的矛盾、短期目標與長期目標之間的矛盾等等，陰陽平衡之思想，可以幫助領導者找到平衡點，做出合適的決策。

易經中的變易思想，對於管理工作也具有重要的指導意義。當今社會，變化是唯一的不變。企業想要在激烈的競爭中立於不敗之地，就必須不斷地變革。變易思想，可以幫助領導者應對變化，抓住機遇。易經中的卦象和爻辭，對於管理工作也具有一定的參考價值。領導者可以利用解卦來分析局勢，做出決策。譬如，當企業面臨重大決策時，領導者可藉由卦象以獲取參考意見。管理與易理雖然相通，然運用易經來作管理工作也非一蹴可成的事情，領導者需先了解易經的思想和原理，才能將其有效地應用到管理工作中。

《管理真的很容易》一書不僅概述了管理的基本概念，更以易經的智慧為依歸，指導我們如何在管理之道上遨遊。書中第一章開啟了一場管理之旅，將我們帶入管理的世界，對管理的定義、性質、以及發展趨勢進行了深入的探討。更為重要的是，它指出了管理者必須具備的知識與智慧，並將易經的思想融入其中，使管理變得更加自然、更加容易。

第二章，作者引領我們探索易經的奧秘，深入解析易經的創作演進、易卦的結構與變化，以及易經中的基本概念。通過對易經的深入淺出說明，讓我們能夠更好地運用其中的智慧來實踐管理。第三章則更進一步地將易經的思想與管理相結合，探討了易經與管理的相容性、互通性、方法和應用。通過學習易經的象、數、理、占，能夠找到解決管理問題的新思路，並將易經的六十四卦運用於實際管理中。第四及第五章則以易經天、地、人三才劃分的方式將組織分為上、中、下三階層，更好地理解各個層級管理者的職務特性與角色扮演。

《管理真的很容易》不僅僅是一部管理指南，更是一次對管理智慧的探索之旅。通過易經的智慧，我們能夠開拓思維超越傳統管理的框架，提升管理的深度和廣度。俊偉兄的好學不倦求知若渴，求學時跟我作碩士論文即已感受，就業後政通人和一路高升，眾人稱羨，值此新書出版樂為之序。

王祿旺 謹識

2024 年 2 月於台北

目錄

....I

自序 I

目錄 VIII

第一章 管理申論 1

一、管理概述 1

二、管理時代的演進趨勢 16

三、管理知識與管理智慧 19

四、管理太極 28

第二章 易經概要 34

一、易經的創作演進 34

二、為什麼要讀易經 36

三、易卦結構與變化 38

四、易經的基本概念 52

五、乾坤易之門 63

第三章 易經管理芻議 68

一、為什麼要學習易經管理 68

二、如何學習易經管理 73

三、善用易經的象、數、理、占 76

四、活用易經六十四卦 83

五、易經管理的運用 98

六、易經管理的模型與架構 103

第四章 組織三才之道 111

一、三才代表組織的三階層 111

二、各階層管理之道 117

三、組織的大樹精神 124

四、管理者應效法天地能屈能伸……128

第五章 三階層職務特性……132

一、高階主管的特性……132

二、中階主管的特性……138

三、基層員工的特性……143

四、管理要三階層合理的配合……148

附錄(易經本文)……153

上經(乾卦至離卦)……153

下經(咸卦至未濟)……183

參考書目……217

第一章 管理申論

本書書名「管理真的很容易」，管理真的很容易嗎? 從事管理工作的人，大都會認為「管理真的很不容易」。因為管理所要面對的是外界不同的環境和不同的人、事、物；它與外界環境的關係緊密結合，而且外界的環境是隨時在變化，這與我們在學校所學的管理知識有一段的落差，而且所謂管理理論，每每隨不同時間和地區而有不同，眾說紛紜、派別眾多，各自建構在不同的前提和假設上，因此，管理真的很不容易；再者，如果你對易理有一些了解的話，你一看到「管理真的很容易」，你一定會想到「管理真的很不容易」，因為從易經的思維來看，管理這件事本身就是一個太極，它陰陽是同時存在的，陽中有陰，陰中有陽，而且是隨時在變，從實務來看，管理真的很不容易。

「Easy Management」譯成中文為「易於管理」，這裡的「易」，指的是易理，是易經的智慧。管理除了我們平常所理解的管理知識外，也可以融入易經的智慧，可以讓管理工作更能得心應手。以易經為基礎的管理論述，有不同的稱呼，如「中式管理」、「東方管理」、「大易管理」、「易經管理」等等，本書主要以「易經管理」稱之。個人認為比較貼切。什麼叫做「易經管理」，就是「應用易經的道理來實施管理」。其實管理的道理就是「做人做事的道理 」，而做人要比做事更重要。

一、管理概述

拜現代科技所賜，有關管理的相關知識，除了從書本上學到的以外，上網 Google 一下，就有很多有關管理的資料。管理一詞最早出現在十六世紀。根據牛津字典(OED 1971)[1]，管理的相關字詞包括 manage，management，以及 manager，在十六世紀出現於英國語言，而最早使用管理(management) 一詞的，依 OED 的記載則是出在 John Florio 1598 年編寫的意英字典(Italian-English Dictionary)。1776 年，經濟學創始者亞當史密斯(Soct Adam Smith) 在國富論(The Wealth of Nations)

1、資料引用自李嵩賢發表於人事月刊第 38 卷整 3 期「管理思潮及研究方法的發展」

一書中，提及經營公司所涉及的流程與人員時，就曾使用 manage、management、manager。英國經濟學家約翰彌勒(John Stuart Mill, 1806-1873) 追隨 Smith 使用這些名詞，並且表示對這些受僱但沒有所有權的人不信任感，1880 年代之後，管理一詞或多或少被使用，一直到二十世紀初期「科學管理運動之父」泰勒(Frederick W. Taylor)在 1903 年著有「工場管理」(Shop Management)，1911 年著有「科學管理原理」(The principle of Scientific Management)，管理始具有現代意義。從以上的論述，管理一詞最早始於歐洲，而且 Smith 與 Mill 使用 management 來描述流程(process) 與相關的經理人。可以理解在歐洲出現的管理一詞，最早應該是應用在管理器具與設備，對人的管理應該較少涉略。

(一)管理學的意涵

1、管理是什麼？

像這樣看似簡單的問題，往往卻是很難給予很中肯又洽當的回答。所謂的管理理論，每每隨不同時間和地區而有所不同，眾說紛紜、派別眾多，各自建構在不同的前提和假設上，而且目前所建構的理論。大都是源於西方管理學者的研究，這些研究是否放諸四海皆準，值得商榷，例如東方與西方因為文化的不同，其行為表現會相同嗎? 其對事物的認知與理解會一樣嗎? 我想會是不一樣，而現在我們所獲得的管理知識，大都來自於西方，曾仕強教授在其易經系列講座中多次提出有關易經管理相關的論述，一經提出，便引起大陸學界與業界的極大迴響與關注，但是也引起了很多人的爭議，這種現象完全符合易經陰陽的觀點，一件事情有陰就有陽，有陽就會有陰，且陰中有陽，陽中有陰，有人支持，就會有人反對，有人說好，就會有人說不好，而且陰陽會互動，這樣才會進步，這完全符合易經中「一陰一陽之謂道」的道理。從易經的道理來看，有一點應是可以確認的，就是未來應該是管理哲學與管理科學相結合，同時並用於管理實務的時代，兩者缺一不可，這才是符合「一陰一陽之謂道」的道理，也就是本書所提出的「管理太極」，在往後的章節會再討論。實務上，管理是一種過程，主要是管理者運用一些技巧、工具或活動，透過他人來有效完成任務的過程。

2、管理研究

多數學者認為管理學是研究人類管理活動及其應用的科學。它偏重於用一些理論和方法來解決管理上的問題，如用運籌學、統計學等來定量定性分析。實務上，管理是一種過程，主要是管理者運用一些技巧、工具或活動，透過他人來有效完成任務的過程。以前管理學主要用運籌學來解決管理中碰到的問題。近十幾年管理學發展很快，它已經不單單是用運籌學來分析一些具體問題，而是用自然科學與社會科學兩大領域的綜合性交叉科學來分析：如運作管理、人力資源管理、風險管理與不確定性決策，複雜系統的演化、湧現、自適應、自組織、自相似的機理等。已經不是一個運籌學所能涵蓋的。由於所有組織都可以被視為一定的系統，管理也可以被視為一種人類行為，包括設計、促進系統更好地生產。這種觀點為「管理」自身創造了發展機會，是管理他人之前，先管好自己的先決條件。有一些人認為管理學應該歸入自然科學，而另外一些人則認為應該歸入社會科學[2]。其實管理學應該橫跨自然科學及社會科學領域，未來應該朝向哲學與科學並用之研究，會比較符合因應未來變化的管理需求。

(二)管理易思維

所謂管理思維，就是在不改變現有系統結構或設計參數的條件下，通過改變系統的運作思維與方法來達到提高系統效率的方法。在企業經營管理實踐中，不管是專家學者，還是企業經營管理者，大多的管理者，都樂於或善於處理管理問題，即遇到困難或問題時，習慣性依靠制度、管控或鼓足幹勁來應對，以圖從困難或問題中擺脫出來。

其結果是，制度越來越多，條款越寫越細，管控越做越「好」，並最終形成一種特殊的「管控文化」。長此以往，那些善於照章辦事，並能經受管控考驗的人逐步成為團隊的核心。經驗告訴我們，這種思維有它存在價值，而且都可以為我所用。但值得警惕的是，隨著時間的推移，絕大多數企業都會不自覺地滑向管理僵化的歧途。

---

[2] 參考出自 https: //zh.wikipedia.org/zhtw/%E7%AE%A1%E7%90%86%E5%AD%A6

企業是一個有機體，應該要向自然學習，依自然的法則來管理，《易經》是伏羲依據自然的景象，將宇宙永恒存在的哲理，透過簡單的符號象徵來表示。宇宙萬象為什麼會如此有秩序？晝夜四時，依序代換。白天之後是晚上、晚上之後又是白天；春、夏、秋、冬也都依次序在更替。到底是誰在管理？是怎麼管理？使得宇宙這麼有規律在變動，這值得管理者思考。

《易經》是完全根據自然發展出來的一套系統，闡述做人處事的道理，易經管理就是「按照《易經》所揭示的道理，來實施管理」。管理者在管理的過程中，可以導入易經的思維，向自然學習，以自然為老師，評斷事物的好不好、對與錯，都用合不合自然來檢驗它，應該是比較妥適的，本書參考各專家學者的論述，整理出管理易思維包括：以人為本、以道為根、陰陽思考、依理應變等四項(如圖 1 - 1)供大家參考，說明如下：

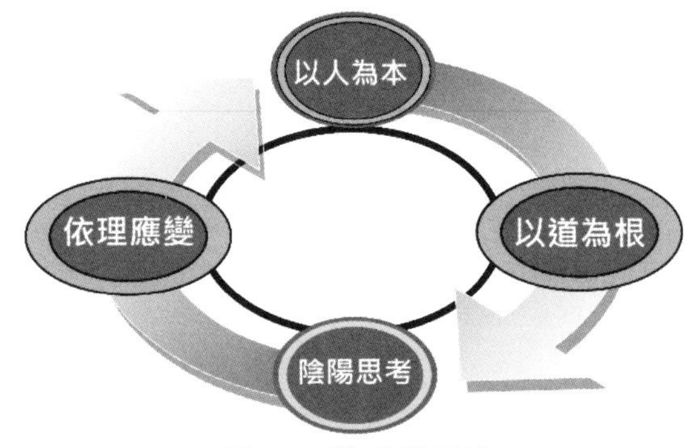

圖 1- 1 管理易思維

1、以人為本

「以人為本」，在我們的思維中，存在著對人的「尊重、愛護、關心」的觀念，而我們所學的西方管理主要以「事」為本，以「事」為考量。所以在管理實務運用上就會覺得好像那裡不對勁。西方管理把事分割的很細，不同的事由不同的人來完成，你做這個，他做那個，分工的比較細。但實務上很多事情是沒有辦法很明確的分割。明確分割以後就有可能產生「三不管」的地帶。這就會造成管理上潛在的問題。

「人」在企業的發展中佔有重要地位。人力資源匱乏的企業很難有長足的發展，企業目標的達成須經由一群人的共同協力，在訴求經營績效的同時，更應著眼組成企業的關鍵—「人」，以考量「人性」的角度，讓企業中的成員能真正融入工作、熱愛工作，形成一個真正的「團隊(Team)」。[3]

身為管理者，除了追求高效率、高成長之外，更應多著眼於「人性」考量，尤其是企業文化的建立。「文化(culture)」一詞可溯源自於拉丁文「cultus」，意指「關心(care)」。企業的經營者與管理者要致力將企業中的成員組織為一個「團隊(Team)」，而非僅是「群體(Group)」，兩者間的差異，關鍵在管理者與企業所有成員之間，彼此能否具備行動上相同的信念、對企業目標有共識，相互尊重、相互信任、相互信賴，創造企業獲利，展現企業的無形價值，

一家成功的企業之所以能成功，主要關鍵即在「企業文化」。而「企業文化」須要企業慢慢建立，沒辦法模仿。例如鴻海公司有鴻海的企業文化，它可以模仿台塑的企業文化嗎? 西方的文化與我們的文化不同，所以要用西方的管理模式，應用在本國的企業上，管理上會產生不少問題。身為管理者應該要有所體認。

2、以道為根

什麼是「道」，老子在道德經裡面說：「道可道，非常道。」「道」，它有可說的部分，叫「常道」，有不可說的部分，叫「非常道」。從易經的概念來看，道本身也是一個太極，有變的部分，也有不變的部分。老子告訴我們，道它代表宇宙萬象，是自然之始、是宇宙之源、是做人之理、是自然生存的法則，包括人生的一切造化都在裡面，因此，我們應該以「道」為根本，遵循自然法則來實施管理作為。

一般我們看到「道」，都會與「德」聯想在一起，就是我們常說的「道德」，比如說，某人不講道德，某人的道德很差，此時道就是德；道德是社會基本價值觀一個約定俗成的表現，人們一般都會知道根據自已對社會現象的理解、社會認同的形態，形成與社會大多數人認同的道德觀。多數人能夠知道該做什麼不該做什麼，哪些是道德的，哪些是不道德的。「管理道德」是從事管理工作的

---

[3] 資料參考引用自王景弘發表於 myMKC 管理知識中心文章，
<https ://mymkc.com/article/content/24420 >

行為準則與規範的總和，是對管理者提出的道德要求，對管理者自身而言，可以說是管理者的立身之本、行為之基、發展之源。對企業而言，是企業管理價值導向，是企業維持健康持續發展所需的一種重要資源。

另外，我們也會把「道」與「理」結合在一起，比如我們常說「你這個人到底講不講道理」。此時道就是理，但到底是什麼「理」，通常也講不清楚。這裡的「理」就是「易經的道理」。易經講的道理就是做人做事應遵守的原則。也可以做為我們管理的重要參考。

3、陰陽思考

要了解《易經》就必須先了解陰陽，這是源於中國傳統哲學的一種二元論觀念。古代中國文人將既相反又相關的事物特徵，例如天地、日月、晝夜、寒暑、牝牡、上下、左右、動靜、剛柔、刑德，以「陰陽」的概念進行表述，彰顯「相互對立又依存」的抽象意涵，並謂之「氣」。

萬物皆有其互相對立的特性。如熱為陽，寒為陰；天為陽，地為陰，說明了宇宙間所有事物皆對立存在。然這種特性並非絕對，而是相對。如上為陽，下為陰，平地相對於山峰，山峰為陽，平地為陰；但平地若相對於地底，則平地屬陽、地底屬陰，可見陰陽是相對性關係。

《易經•繫辭上傳》第 5 章「一陰一陽之謂道」，意謂一陰一陽的相反相生，運轉不息，為宇宙萬事萬物盛衰存亡的根本，這就是道。陰陽它不但是相對的，不但會變動，而且是不可分割的。有陽就有陰，有虛就有實。陰陽存在互根互依，互相轉化的關係，陰中有陽，陽中有陰，因彼此的消長，陰陽可以變化出許多不同的現象分類。老子說：「天下萬物生於有，有生於無。」所有管理措施都產生於管理者的決策（陽），決策則來自管理者心中的理念（陰）。

用無形(陰)的力量，管制有形(陽)的物體，是最省力、最有效的。商場上，顧客的需求是無形的、是變化的，是看不到的，卻控制著所有企業的成敗興衰。企業要生存，就須全力創造產品或服務，滿足消費者的無形需求。「有」固然重要，但不要完全相信「有」可以決定一切。老子所說的「無」，並不等於零，而是一種幽隱而未成形的潛在能力。管理者憑著這種「不見其形」的潛在能力，來下決心，做成「有」的決策。然後依據既定的決策，選擇和運用管理科學的工具和方法。

「陰」和「陽」既非對立，也不矛盾，它們是一貫的、連續的，「陰」和「陽」的互動，表示管理者由理念向下落實，產生決策的一種活動過程。我們要有所不為（陰），然後才能有所為（陽）。有些事情讓別人去做，我們才能夠做更有價值更有效能的事情。所以無形的彈性最大，無形的能量最強，不要輕視這種看不見的東西。

4、依理應變

凡事都求合理化解，依理應變，合理就好。我們很重視道跟理，一開口就是你講不講道理。我們很少說，你講不講法，我們很少講這樣的話，一般人對法律(規定)比較不在意(因為法令多如牛毛)，誰管你法律不法律。但是對有沒有道理比較在意，有道理我就聽，沒道理我管你是誰說的；道也是「路」，理是怎麼上路，是怎麼去走這個路的方法。我們凡事都求合理化解。嘴巴都講依法辦理，但是心裡所想的都是合理解決，這與西方有點不同。西方人是依法辦理，就是依法辦理，沒有什麼合理解決的。因為它法跟理是合在一起的。

我們的觀念法跟理是分開的。例如「這件事不一定是這樣，這個我知道。但是我就是要這樣做，因為這樣才合理。」再如，我們經常在公司裡看到同仁爭吵：「甲說：你不可以這樣。乙說：為什麼不可以這樣，甲說：這是規定不行。乙說：規定是誰定的，你們的規定你們去遵從，還想管我。甲說：規定就是要讓大家遵從的。乙說：那也可以，不過你的規定要合理啊，你規定不合理，算了」。我們經常是規定的合理，他會聽你的。規定的不合理，他不一定會聽你的。西方人不會這樣，西方人規定怎麼樣，他就是怎麼樣。除非改變法律(規定)，這個跟我們有很大的分別。

「事在人為」，找到合適的人，才可以去做合理的事情，這是我們一般的觀念。但西方人不是，西方人把事情規格化，根據事情的需要去找這個人。這個方法跟我們不一樣；我們是找「志同道合」的人，西方沒有什麼志同道合。只要你給的條件可以，我就做了。不管公司做什麼，公司做什麼是你公司的事。

我們會去想老板的理念好不好。他有沒有比較高的理想等等，我們會把現實性跟理想性扯在一起，我們不會分開來。

依理應變，任何人都要應變。但是要合理，變得不合理就叫投機取巧，變得合理就叫隨機應變。這個道理是非常清楚的，每一個人心中，有一把看不見的尺，我們是根據這個看不見的尺在判斷事情，這一把看不見的尺就是「理」，就是自然的生存法則，就是「易經的道理」。

(三)如何做好管理

管理工作不外乎管理人、事、物。其中又以人較為重要，因為事在人為，人對了，事情就容易辦成，人不對，事也難成。人的部分，我們都喜歡管人，但是除了別人以外，大家好像都忽略了自己，因為我們眼睛都向外看，很容易看到別人的行為，但是對於自己的行為確很難察覺。其實管人也包括把自己管好，自己管好了，自己正了，才能正人。上樑不正則下樑歪，這是大家都很了解的道理。所以我們要做好管理(如圖1-2)，一定要從自己開始，把自己先管好。

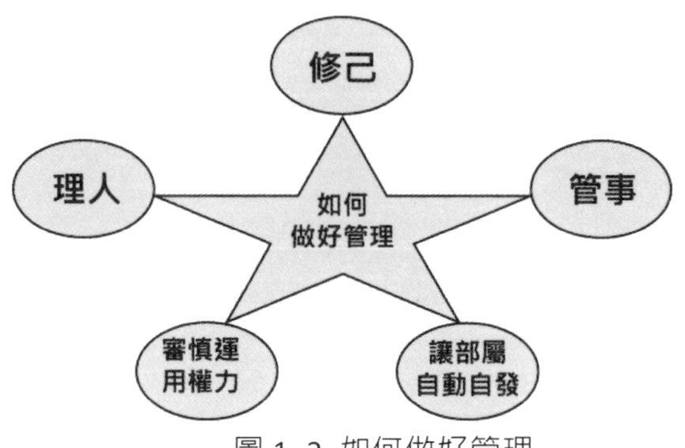

圖 1- 2 如何做好管理

1、修己(管好自己)

管人之前，先管好自己，自己都管不好，如何管別人。「修己」的意思，是修身，是修煉自己，提高自身修養，而不是改變他人。管理者若是一心一意想要改變員工，員工就會保持高度警覺，不是全力抗拒，便是表面偽裝接受，實際上各有自己的看法。管理者應先修己，讓員工受到良好的感應，自動地改變他們自己，這樣更為快速有效。管理的目的是安人，用高壓的政策，要求員工改變，並不符合安人的要求，也就是不符合人性化管理。

「修己」代表個人的修煉，做好自律的工作。一方面人不喜歡被管；另一方面不喜歡被連自己都管不好的人管。如果不喜歡被管，就應該自己管好自己，便是自律，也就是修己。不接受連自己都管不好的人管，常常抱怨這種人管不好自己，還想來管人？表示每一個人在管人之前，必須先把自己管好，也就是需要自律。可見管理者和被管理者，通通應該修己。

「修己」的管理價值，就是提高自身的修養，不僅是做好人，而且是要做有價值的好人。讓工作，因你而快樂、因你而驕傲，因你而精彩。讓生活，因你而美好、因你而幸福、因你而溫暖。修己就是更尊重人、更理解人，讓自己更有存在感，讓生命因你而綻放光澤，讓世界因你而絢麗多姿！另外，修己還要求要經常的反思，檢討自己的言行。

曾仕強教授多次在其易經系列相關講座中，多次提到管理就是管事和理人[4]，「管事理人，先理後管。」是管理的基本原則。因為事在人為，人對了，事可成，人不對，事難成。不過，對於這個原則，管理界仍有爭論。有人認為應是「管人理事」，尤其是現實中的一些管理者，更喜歡「管人」，因為人總是喜歡那種對別人指揮的成就感。但生活中的實際狀況是有誰願意讓人呼來喝去、被人管呢？自家的小孩不願被父母管。學生不願被老師管...。管理者如果只強調管人，那麼下屬即使迫於管理的權勢勉強接受，其結果自然也很可能是陽奉陰違，上下不齊心，團隊融合度差。

2、理人

理人的核心是理解和尊重，現在人對於無人理睬很在意，「理」本身就包含了尊重和理解的意思。「理」就是看得起，管理者看得起員工，才能得到員工的理解和支持。管理者要如何做好理人呢?

(1)理人之前要先自理，管理者應善於自我管理，理好自己，才能服眾。修養自己，用仁心管理，令下屬心服口服，而不是屈服在你的威權之下。

(2)對人、事、問題態度要公正、客觀、理性，建立良好的人際關係，擅長

4、參考 曾仕強 博士 易經的管理智慧視頻
https://www.youtube.com/wattch?v=5RrI_EPkalY&list=PLYk0L45pwX7VreW_PNL8o06TVsQVmjedf&index

與人溝通、交流和合作。

(3)帶人要帶心，在管理上帶人要帶心。把握三心原則，一要「抓心」，即抓住員工的心；如何抓心，就是要「交心」，即相互信認、相互尊重；如何交心?就是要「關心」，就是平常要多關心同仁、照顧同仁。管理者最主要的責任就是照顧員工。善盡社會責任。

3、管事

管事的部分，包括管「物」及管「事」。物是不動的，只要你做好定位，基本上就沒問題。事是「管」的，人是「理」的。先理人後管事，方可達到事半功倍的效果。管事，需要理性，需要科學合理的制度、剛性的約束與強勁的執行力。管理者的權限越大，管理的部門越大，管理的人數越多，需要處理的事務也就越多，就越要學會「管」，學會建立合理的制度與流程，並適時調整制度與流程，例如：確定要做的事情和目標；確定組織架構，分而治之；確定具體的職位；確定績效和激勵機制等等。讓制度來管事、讓流程來辦事。說明如下：

(1)讓制度管事：聰明的管理者，不會和基層員工講道理，從易經八卦來分析，基層是走地道，地道的主要特性就是順從，你看大地，他從不出聲，默默的承載萬物，從來沒有抱怨過，管理者和基層是要講制度，但制度要合理，讓制度說話，這樣員工在執行具體事務時才有所遵循。而且制度要隨著環境、時間...等改變而適時調整，不能一成不變。

(2)按流程辦事：流程就是我們現在所說的標準作業程序(SOP)，做任何事情都有他的「SOP」，管理者應讓每一件事都處於流程控制之中，按流程來辦事，可以確保執行的品質與安全，不重視流程，難以做好管理。需要注意的是，管事，應該建立在理人基礎之上，只要先將人理順了，事情自然就能得到很好的處理。因為管理其實就是透過「理人」達到「管事」的目的。管理的關鍵在於人，只有把人理順了，事情自然也就隨之理順了。透過「理人」，能夠更好地達到「管事」的目的，因為「事」是可以透過把人「理好」之後而達到把事「管好」。管理最終還是講求管的合理，因為有理行遍天下，無理寸步難行。

4、審慎運用權力

主管與基層員工最大的差別，主要在於主管有「權」而基層員工沒有權。當一個人晉升為主管後，其行為表現會跟未晉升前有明顯差別，這個差別主要來自「權」，因為當了主管之後就會被公司賦予一些權力。權力對人的影響從心理學的觀點來看，有解除抑制的作用，它可使我們擺脫社會壓力的束縛，當有了影響力與權力會使我們不再壓抑自己，進而去實踐自己真正的意志與流露本性。

2018 年的達沃斯世界經濟論壇（World Economic Forum in Davos），參與會議的領導人，包括微軟、谷歌、通用汽車（GM）、高盛（Goldman Sachs），以及蓋茲基金會（Gates Foundation）執行長。他們都認為，權力對人的最大影響是「突顯出人們的既有特質」。如同溝通平台史萊克（Slack）創辦人兼執行長，巴特菲德（Stewart Butterfield）所說的，「權力不會使你變壞，只會使你變得更像你自己。」

數十年來，心理學家一直相信，權力會使人腐化。在經典的史丹佛監獄實驗中，學生被隨機指派扮演囚犯或獄警的角色。到了實驗的尾聲，那些警衛拿走了囚犯的衣服，並強迫他們睡在水泥地上。主持這個實驗的心理學家津巴多（Philip Zimbardo）表示：「短短幾天，我們的警衛就開始做出虐待行為。」他還說：「許多情境變項所賦予的權力，可以支配個體的反抗意志。」

因為權力會影響甚至改變一個人的思想與行為，因此如何運用「權」對管理者就顯得很重要，管理者應該要慎思慎用。權有變通的意思，所以我們常說「權變」。管理學就有一個「權變理論」，特別強調組織的「多變性」，從陰陽的觀點來看，有變就有不變，不變的是「經」，變的是「權」。曾仕強教授認為經權配合有三個原則，第一個叫「權不離經」，權不離經就是權不捨本的意思，不可以離開原則；第二個叫做「權不損人」。任何改變一定有人抗爭，一定有人會阻撓，這些人就是既得利益的人，凡是他既得利益受到損害，他一定抗拒，他不管對或錯，所以任何的權變儘量不要損害別人的既得利益；第三個是「權不多用」，規定不可能沒有例外，但是例外太多就等於沒有規定，當每件事情都是例外時，就開始要修改規定了，若老不修改規定，天天在例外，那就等於沒有規定。

(1)權不離經

一切的權宜應變都不可以離開根本的原則，不可以偏離我們原來的用意，也就是原始的目標，因為它非常重要，所以自古以來我們就非常重視權不離經，不管是權在經內或者權在經外都叫權不離經，都叫權不捨本，它是以不變應萬變，就是抓住原則，在原則不變的前提下來應變，這樣比較容易能讓大家接受，因為它比較合理，所以它是用權時的基本原則。

(2)權不損人

權不損人，就是如果有人的既得利益受到損傷，他會不顧一切，不管用「明的」或「暗的」，他一定會想辦法阻擋你，讓你改革不成功，讓你的變通受到阻礙，所以這個時候就要考慮怎麼樣讓他的權責利益，獲得相當的保障，損害一定會有，但是要思考怎麼把他的損傷降到最低。如果沒處理，完全不顧慮他的話，他就是個危機，就算他不公然的反抗，他仍舊是潛在的危機，在那裡伺機而動，等到機會來了，他一定會再搞破壞。所以管理者要改革時，對於利益受損的人，一定要預先妥適處理，以免埋下以後的隱患。

(3)權不多用

第三個是權不多用，當你發現例外太多的時候，你就要知道現有規定已經不可行了，要趕快去修改這個規定，要記住權宜應變是不得已的事情，不是常常要做的。凡事先想不要變，而不是先想要變。站在不要變不要變的立場來改變，這樣才不會亂變。

實務上是這樣，凡是長官交代的事，要有陰陽的思考，同時想「我做不到」及「我做得到」，但是不能講出來，如果做得到，很合理，就照做，不想其他的。如果做不到，回去後儘量去克服，如果真的克服不了，再想辦法讓長官知道，讓長官自己改變，最後還是要改變的。但是不能去頂撞長官，做部屬的第一個認知就是不可以頂撞你的上司，你不能頂撞他，你不能讓他難看，你不能在他面前講直話，因為他是你的上級，要重視倫理關係，就這麼簡單。權不多用，要儘量的減少例外。因為例外太多，那就是根本沒有規定了，所有人都不服。

5、讓部屬自動自發

管理的最高境界在使部屬自動自發。當一個人自動自發想做事，他是不會計較的，會為你拼命，當他是被動時候，他會非常的計較，如果真的要他做，他會要求相對的代價，比如考績、升遷等等。如何讓部屬能夠自動自發，就是「不明言」。所謂「不明言」就是要培育部屬能自我思考、自主行動的能力。如果直接指示部屬「這邊要這樣做」、「那個應該是這樣才對」，那麼會養成部屬的依賴性。應該讓他們思考「為什麼那個答案是這樣得出來的呢？」「這個解答真的是正確的嗎？」必須像這樣提問來讓他們思考，反覆強調「為什麼？」，以培養他們自動去探究問題的本質。

「不明言」他們才可能自動，一明言他們就是被動。當你什麼時候把這個觀念想通了，你就知道，讓所有人自動自發，管理就輕鬆愉快。所以管理如果管到部屬很被動，管理者就很痛苦，如果管到部屬都很自動，管理者就很輕鬆，而且很有效。怎麼樣促使部屬自動自發，是最高管理藝術。但是當部屬自動自發，你也要注意，你必須能夠掌控，否則會很亂，所以會管理的人，會管到好像沒有管一樣，說到好像沒有說一樣，看起來他(管理者)讓你自動，實際上他(管理者)是全面無形的掌控。為什麼要無形掌控，這樣被管理者才有面子，慢慢把這些都想通了，就會有一個很完整的管理邏輯。

一位管理者到底管的好不好，沒有一個評定的標準，其實好與不好很難說，因為從陰陽的觀點來看，陽中有陰，陰中有陽，而且陰陽是變動的。個人從長期的管理實務觀察，提出二個指標可供管理者自我評價，第一個指標：公司或上級所交辦的任務是否完成。這是一般企業用來考核管理者的重要指標，第二個指標：當你離開職位後，很多人會懷念你，而且稱讚你的領導及管理，在你的帶領下工作很愉快。你在位時有權有勢，大概沒有人敢說你不好，但是當你離開位置，沒有權勢的時候，還會有人懷念你，說你好，那表示你真的不錯。如果一個管理者能夠達到這二個指標，基本上應該可稱為是一個好的管理者。

(四)管理的情理法

1、情、理、法的關係與應用

情、理、法發生的關係[5]，是由情開始，人之生，生於情，情固定為性，是性情。人性基本是「情」，情是氣，氣的動，則是喜怒哀樂，人在成長後群居，由家庭，社會、國家、世界，共同遵守的規範即是「理」，理是基於人情之常而發生的，理是「共同的情」，當理不能解決問題，或對行為不能有所規範時就有「法」的觀念，法是用來穩定社會大眾的秩序。

解決問題時，以「情」為出發點，先由包含理與法的情，以不違反理，不違反法的情，作為解決問題的基礎。情無法解決問題時就用「理」。此理為合乎法的理，以合乎法的理解決問題，好比庭外合解，若在法庭上針鋒相對，或花費巨額律師費，傷害就大了，總之，不到最後關頭，不要訴之於「法」(如圖 1-3)。易經第六卦，訟卦，就告訴我們「訟終凶」，可見法並不是解決問題的最好手段。

情、理、法發生的關係次序

1. 人秉情而生，情即性。
2. 人依理而立，理即群性。
3. 共理認定為法，法為共相。

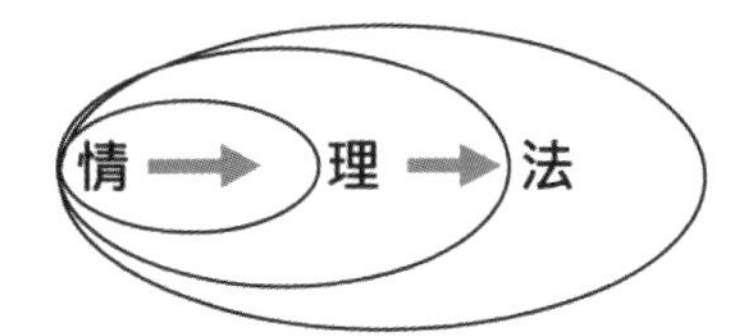

處理問題的情、理、法次序

1. 動以兼理、法之情。
2. 說以兼法律之理。
3. 情理盡而後法行。

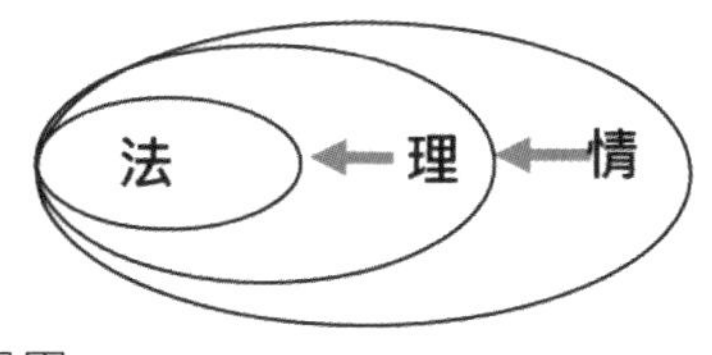

1- 3　情理法的關係與運用

2、用情、理、法來管理最為合理

管理時應該用情、理、法的思維，情放在最前面，理在中間，法在最後面。管理時嘴巴專門講情，但心中有一個理在，法在肚子裡，就是我們所說的「腹案」。我們所有的法都是腹案，不會講出來的，非到必要時，不會把法規搬出來，

---

[5] 資料引用自 成中英 博士 所著 C 理論—易經管理哲學 p68

凡是經常開口閉口就講法的人，他的人際關係肯定不好。說法一定傷感情，情是面子，理是合理，這個理就是我們平常常講的「臉」，這個跟西方國家有點不同，西方國家面子跟臉是不分了，但是在我們的社會裡，面子跟臉是不一樣的。中國人罵人罵的最難聽的叫「不要臉」。不要臉就是不講理。一個人可以不要面子，但不能不要臉。也就是可以沒有面子，但不能沒有臉。臉就是一個人的生命，面子是感情，一下子就過去了。面子其實不是那麼重要，臉比較重要。

我們嘴巴是專門講情，不是講理的，理是讓別人來講的，因為每個人都有每個人的道理，有理講不清，所以理要他自己講，你不要去跟他講理。因為他只相信他自己的道理，他從來不相信別人的道理。但是當你給他面子，他自己就講理。你不給他面子，他就蠻不講理。這種現象從平常觀察就可以了解。例如，平常我們和同事去餐廳吃飯，大家來時就隨便入坐，如果因為有高階長官要來，你想安排一個比較好的位置給長官，你直接叫人說：「這個位置要給長官坐，請你去坐其他的地方」，他會一百個不高興，為什麼我要讓，我偏要坐這裡，但是如果你換個說法：「這個位置不錯，他說對啊，view 很好，你就告訴他說，等一下長官要來，我讓他坐你旁邊，他馬上就說這不好。我到別的位置去坐。你說沒有關係，他就走開了。」因為，你給他面子，他會讓你，你一給他沒有面子，他就會賴在那里，看你能把我怎麼樣，

一般人你給他有面子，他很講理。你不給他面子他蠻不講理的。管理者千萬要記住，給你的部屬面子，他會聽話。你不給他面子，他很搞怪。你給長官面子，他會提拔你，他會照顧你。你給他沒有面子，他會給你找麻煩，你可以去觀察是不這樣子，我們無論如何，要把面子擺在前面。做任何事情，給足了面子，很好做事情。讓任何人沒有面子，你都很難把事情做好。

管理者一定要搞清楚，嘴巴講情，它不是目的，講理才是目的。法也不是目的，法也是為了合理。情、理叫做由情入理，理跟法叫做依法辦理。「由情入理，依法辦理」是我們一般處事的原則，我們先由情入理，先給面子讓他講理，給面子他不講理，再給面子他還是不講理，你就依法辦理。依法辦理永遠是擺在最後。這跟西方的管理有點不同，西方管理基本上就是依法辦理，他們沒有

「由情入理」這種處理方式，這也值得大家思考。

二、管理時代的演進趨勢

18 世紀，英國爆發了工業革命，大機器生產的工業化逐漸取代了傳統的人力與畜力。企業資本快速累積、規模日益擴大，已經超出了傳統管理者的管控範圍，於是人們紛紛研究管理思想與管理技巧，有效地促進了管理理論的出現與發展。

(一)古典學派

工業革命之後，企業快速擴張，所有企業都紛紛想盡辦法，要提高勞工的生產力，20 世紀強調效率的古典學派應運而生，古典學派分為「科學管理」和「行政管理」兩個分支，主張用科學的方法和嚴格的行政紀律，將員工視為機器，進而提高生產力，在當時有利於化解勞動力短缺的問題。科學管理主要以美國管理學家泰勒為代表，主張運用科學方法，提昇企業的生產效率。一直延續到 20 世紀 40 年代，泰勒把科學管理概括為四大原則：動作科學化、選擇科學化、工作科學化和發揮分工效率。不同於科學管理注重員工的工作技能，行政管理觀點注重組織整體的運用效率，這套管理理論說明了有效管理工作需要具備的要素和條件，其中以費堯的「一般管理理論」和韋伯的「科學體制理論」為代表。

(二)行為學派

古典學派被批評視人為機器，缺乏人性的主張，漸漸受到人們的批判，20 世紀 30 年代衍生出「行為學派」，行為學派主張從人性出發，在瞭解員工心理和需求的基礎上，採取激勵措施鼓勵員工，提高生產力，其中最著明的就是「霍桑實驗」和後續出現的「人際關係觀點」，「霍桑實驗」主張從員工心理出發，提高其工作意願；「人際關係觀點」則主張管理者要關心員工，讓員工具有滿足感，這樣才能產生最佳的績效，這種現象催生出以馬斯洛的需求層次理論和麥克葛瑞格的 X、Y 理論為代表。

(三)量化學派

第二次世界大戰期間，英美兩國的軍人用統計與計量的方法，解決了很多棘手的軍事問題。戰後，這種管理方式應用到民間企業，誕生了「量化學派」，此學派分為「管理科學觀點」和「作業管理觀點」。主張用統計、數量模型和電腦模擬等方式來解決管理問題。

(四)新興學派

20 世紀 60 年代中期，全球經濟增長迅猛。科技發展迅速，外在環境的變化，促生了「新興學派」。新興學派分為「系統觀點」和「權變觀點」。「系統觀點」把組織視為一個系統進行管理活動，「權變觀點」是不同的組織針對不同的環境，適時適宜地進行管理活動。

(五)管理時代發展趨勢

在 20 世紀 50 年代以後有兩個管理模式引起管理學界的重視，一是美國式的管理，一個是日本式的管理。其中美國式管理是以「法」為重心的管理，強調個人價值，強調嚴格的制度，理性決策技術，追求最大限度的利潤等。其特點是鼓勵個人英雄主義，以能力為主的考核特徵模式，它在管理上的主要表現就是規範管理、制度管理和條例管理，以法制為主體的科學化管理。美國式管理是「我要-我成」，訂立目標，拿出成果。其主要的特徵：績效/成果導向、賞罰分明、高度授權、不留情面。

日本式管理，以「理念」為主的管理，強調和諧的人際關係，上下協商的決策制度，員工對組織忠誠與組織對社會負責。日本式管理的三特色：終身雇用制、年功序列制和企業工會制。日本企業在具有自身特色的前提下學習美國的管理模式，並加以改進，加上日本文化而形成日本式管理。日本企業成功的模型建立在這樣一種理念上，採用比競爭對手更好的基本管理方法，一個公司能夠同時實現最高的品質和最低的成本，透過連續改進，公司進行競爭時總是處於最佳實踐狀態，這種模型並不是抽象的理論，它源於日本公司在許多我們熟知的管理方法上領先而取得的非凡進步，包括全面品質管理(TQM)，精實生產和與供應商的密切關係，相對於西方的公司而言，這些管理措施使日本公司具有了持續的成本和品質優勢。此外值得一提的日本式管理核心特徵如下：集體決策、終身雇用、以人為本、團隊精神、永續經營。

依據曾教授的研究[6]，他認為 20 世紀 50 年代，世界局勢穩定，企業環境的變化不大，美國式管理重視「固定、明確的目標」，以及「精準、明確的計量」，在「目標管理」的引導下，拿「管理科學」做工具，命中目標的比率很高，因此績效十分良好。所以 20 世紀 50 年代美國式管理最強勁。

到了 20 世紀 70 年代，世界形勢劇變，企業環境的變化越來越大，目標難以確定，計量不容易精確，所以 1975 年以後，美國經濟開始下滑，美國式的管理受到挑戰。日本在 60 年代開始向美國學習，引進目標管理，摻入自已的經營理念，憑著高度的團隊精神，培養彈性合作的應變能力，70 年代，正是日本式管理揚眉吐氣的大好環境，由此日本經濟創造了佳績，使得日本從第二次世界大戰的戰敗廢墟中突然掘起，有如一顆躍升的太陽，舉世震驚。日本式管理扶搖直上，被形容為「日本第一」。但曾教授預測到了 21 世紀 20 年代，易經管理突顯威力，即將為 21 世紀帶來不可思議的特色，

如果將美式管理譬喻為「打固定靶」的管理，目標確定、命中率很高，那麼日本式管理，便成為「打活動靶」的管理，目標變動，仍然有把握命中。20 世紀 50 年代，固定靶盛行，美國式管理聲名遠播；20 世紀 70 年代，活動靶多于固定靶，所以日本式管理占上風。到了 21 世紀企業環境的變化，將越變越快，活動靶幾乎成了「飛靶」，易經管理「專打飛靶」，即將成為 21 世紀的主流。為什麼易經管理專打飛靶呢? 因為我們的管理理念以「易理」為根基，對「變化」的掌握，最為拿手，視變易為簡易，又能夠在變易中掌握不易的道理，當然有專打飛靶的能力。

但從宏觀角度來看，管理模式應該是變動的，而且有矛盾、有衝突，只有不斷的發生矛盾與衝突，整個管理的境界才會往上提昇，所以個人認為未來的

[6]、資料參考引用自曾仕強博士所著 洞察易經的奧秘—易經的管理智慧 p14-16

管理趨勢將會朝向「太極管理」的模式發展，這才符合易經「一陰一陽之謂道」的道理，有關管理時代發展的趨勢整理如圖 1-4。

圖 1- 4 管理發展趨勢圖

三、管理知識與管理智慧

(一)知識與智慧的區別

「管理知識」是什麼?「管理智慧」又是什麼? 這兩個名詞我們經常聽到，也經常看到，但總是搞不清楚它們兩個到底有什麼不同? 還是根本就是相同的東西。我問了一些人，他們都很難說的很清楚，甚至覺得它們根本是一樣的東西。再從網路去搜尋「智慧」的意思，答案就更是五花八門了，有的從科技的角度來說，像 AI 人工智慧，有的從哲學的角度來說明，有的從宗教的看法來說明。有關學者專家對管理知識與管理智慧的論述，後面會再討論。本書編者把個人對知識與智慧的觀察整理如下：

「知識」是怎麼產生的? 是「人造」的，是透過很多人的研究、討論，最後得到的結論就是我們常說的知識，如定理、定律、技巧、方法等等；「知識」怎麼獲得? 是靠「學習」而得，例如從學校、社會...等等，就可以學得所需要的知識；另外知識是「有賞味期」的，很多早期的研究結論，隨者後續的研究發現，或是科技的進步，會被推翻或更新，例如早期我們所學的電腦知識與技巧，有些現在大概都不能用了，因為科技進步太快了；學習知識的目的是什麼？是「用」，是運用在日常生活的做人、處事方方面面。所以才會說「學以致用」；知識越多越聰明，越精明能幹，能力越強。

「智慧」是怎麼產生的？是存在於「自然」，是自然運作的定律，是自然生存的法則；「智慧」是怎麼獲得？是靠修煉而「悟」到的，例如修行人從自然的法則、生存的定律，悟出了人生的大道理；另外智慧「賞味期是無限期」，例如易經的智慧已經存在了至少 2500 年以上，至今還可以符合現在的社會環境；學習智慧的目的是什麼？其目的是用來「行」的，就是實踐，也是運用在做人做事方方面面，例如：有理行遍天下；智慧越高越顯示愚昧，所以才會說「大智若愚」。一般我們稱很有智慧的人為「高人」或「得道高人」，只有擁有智慧的高人，才會表現出大智若愚，才懂得「深藏不露」。

(二)管理知識

所謂的「管理知識」就是一般我們常用的管理觀念、技巧及方法論，這些基本上都是從研究或工作經驗所得到的結論，最後被運用到管理上，「管理知識」就像一塊大拼圖，每一觀念、技巧、方法或理論就是其中的一小片，從 16 世紀開始出現「管理」一詞至今超過 300 年，已經出現了不計其數的「管理知識」，因為知識量很龐大，所以就出現了「知識管理」的方法，用來管理這些知識。從易經的觀念來看，萬事萬物本來就是生生不息的，這也符合易經管理的道理。

為了因應環境、科技的變化，新的「管理知識」不斷產生，但是仍有一些經典的，雖然時過境遷，環境也改變了，但是仍然可以適用於現今的管理工作。我們從網路 MBA 智庫百科中提幾個管理的經典理論，摘要說明如下[7]：

1、彼得原理

每個組織都是由各種不同的職位、等級或階層的排列所組成，每個人都隸屬於其中的某個等級。彼得原理是美國學者勞倫斯•彼得在對組織中人員晉升的

[7]、資料參考引用來源出處:MBA 智庫百科 https ://wiki.mbalib.com/zh-tw/

相關現象研究後，得出一個結論：在各種組織中，雇員總是趨向於晉升到其「不稱職」的地位。彼得原理有時也被稱為向上爬的原理。

這種現象在現實生活中無處不在，例如一名稱職的教授被提升為大學校長後，卻無法勝任；一個優秀的運動員被提升為主管體育的官員，而無所作為。對一個組織而言，一旦相當部分人員被推到其不稱職的級別，就會造成組織的人浮於事，效率低下，導致平庸者出人頭地，發展停滯。

因此，這就要求改變單純的根據貢獻決定晉升的企業員工晉升機制，不能因某人在某個崗位上幹得很出色，就推斷此人一定能夠勝任更高一級的職務。將一名職工晉升到一個無法很好發揮才能的崗位，不僅不是對本人的獎勵，反而使其無法很好發揮才能，也給企業帶來損失。

2、酒與污水定律

酒與污水定律是指把一匙酒倒進一桶污水，得到的是一桶污水；如果把一匙污水倒進一桶酒，得到的還是一桶污水。在任何組織裏，幾乎都存在幾個難弄的人物，他們存在的目的似乎就是為了把事情搞糟。最糟糕的是，他們像水果箱裏的爛蘋果，如果不及時處理，它會迅速傳染，把整箱其他蘋果也弄爛。

爛蘋果的可怕之處，在於它那驚人的破壞力。一個正直能幹的人進入一個混亂的部門可能會被吞沒，而一個無德無才者能很快將一個高效的部門變成一盤散沙。組織系統往往是脆弱的，是建立在相互理解、妥協和容忍的基礎上，很容易被侵害、被毒化。破壞者能力非凡的另一個重要原因在於破壞總比建設容易。

一個能工巧匠花費時日精心製作的陶瓷器，一頭驢子一秒鐘就能毀壞掉。如果一個組織裏有這樣的一頭驢子，即使擁有再多的能工巧匠，也不會有多少像樣的工作成果。如果你的組織裏有這樣的一頭驢子，你應該馬上把它清除掉，如果你無力這樣做，就應該把它拴起來。

3、零和遊戲原理

零和遊戲是指一項遊戲中，遊戲者有輸有贏，一方所贏正是另一方所輸，遊戲的總成績永遠為零。零和遊戲原理之所以廣受關注，主要是因為人們在社會的方方面面都能發現與零和遊戲類似的局面，勝利者的光榮後面往往隱藏著失敗者的辛酸和苦澀。20 世紀，人類經歷兩次世界大戰、經濟高速增長，科技進步、全球一體化以及日益嚴重的環境污染，零和遊戲觀念正逐漸被雙贏觀念所取代。

人們開始認識到利己不一定要建立在損人的基礎上。透過有效合作皆大歡喜的結局是可能出現的。但從零和遊戲走向雙贏，要求各方面要有真誠合作的精神和勇氣，在合作中不要耍小聰明，不要總想占別人的小便宜，要遵守遊戲規則，否則雙贏的局面就不可能出現，最終吃虧的還是合作者自己。

4、華盛頓合作規律

華盛頓合作規律說的是一個人敷衍了事，兩個人互相推諉，三個人則永無成事之日。多少有點類似於我們三個和尚沒水喝的故事。人與人的合作，不是人力的簡單相加，而是更複雜和微妙得多。

在這種合作中，假定每個人的能力都為 1，那麼 10 個人的合作結果有時比 10 大得多，有時甚至比 1 還要小。因為人不是靜止物，而更像方向各異的能量，相互推動時，自然事半功倍，相互抵觸時，則一事無成。

我們傳統的管理理論中，對「合作」研究得並不多，最直觀的反映就是，目前的大多數管理制度和行為都是致力於減少人力的無謂消耗，而非利用組織提高人的效能。換言之，不妨說管理的主要目的不是讓每個人做得更好，而是避免內耗過多。

5、手錶定理

手錶定理是指一個人有一隻錶時，可以知道現在是幾點鐘，當他同時擁有兩隻表時，卻無法確定。兩隻手錶並不能告訴一個人更準確的時間，反而會讓看錶的人失去對準確時間的信心。

手錶定理在企業經營管理方面，給我們一種非常直觀的啟發，就是對同一個人或同一個組織的管理，不能同時採用兩種不同的方法，不能同時設置兩個不同的目標，甚至每一個人不能由兩個人同時指揮，否則將使這個企業或這個人無所適從。手錶定理所指的另一層含義在於，每個人都不能同時選擇兩種不同的價值觀，否則，你的行為將陷於混亂。

6、奧卡姆剃刀定律

12 世紀，英國奧卡姆的威廉主張唯名論，只承認確實存在的東西，認為那些空洞無物的普遍性概念都是無用的累贅，應當被無情地剃除。他主張如無必要，勿增實體。這就是常說的奧卡姆剃刀。這把剃刀曾使很多人感到威脅，被認為是異端邪說，威廉本人也因此受到迫害。

然而，並未損害這把刀的鋒利，相反，經過數百年的歲月，奧卡姆剃刀已被歷史磨得越來越快，並早已超載原來狹窄的領域，而具有廣泛、豐富、深刻的意義。 奧卡姆剃刀定律在企業管理中可進一步演化為簡單與複雜定律：把事情變複雜很簡單，把事情變簡單很複雜。這個定律要求，我們在處理事情時，要把握事情的主要實質，把握主流，解決最根本的問題，尤其要順應自然，不要把事情人為地複雜化，這樣才能把事情處理好。

7、目標管理

目標管理是管理專家彼得杜拉克(Peter Drucker)於 1954 年提出，他認為有了目標才能確定每個人的工作，所以企業的使命，首先必須把任務轉化為目標，如果一個領域沒有目標，這個領域的工作必然被忽視。因此管理者應該透過目標對下級進行管理，當組織最高層管理者確定了組織目標後，必須對其進行有效分解，轉變成各個部門以及各個人的分目標，管理者根據分目標的完成情況對下級進行考核、評價和獎懲。目標管理提出以後，在美國迅速流傳，因二戰結束後西方經濟由恢復轉向迅速發展，目標管理遂被廣泛應用，並很快為日本、西歐國家的企業所仿效，在世界管理界大行其道。

8、X—Y 理論

X 理論與 Y 理論是管理學中關於人們工作原動力的理論，由美國心理學家道格拉斯、麥格雷戈(Douglas McGregor)於 1960 年提出。主要是 X 理論認為人們有消極的工作原動力，而 Y 理論則認為人們有積極的工作原動力。這二個假設是兩個極端的假設，是槓桿的兩端，一個優秀的管理者應該根據企業的實際狀況和員工的素質特點，善於運用這個槓桿，講究管理藝術，將員工管理維持在一個高水平上，如果能運用易經管理的思維來運用 X-Y 理論，應該會得到更好的發揮與效果。

9、五力分析

五力分析是邁克爾。波特(Michael Porter)於 80 年代初提出的分析模型，用於競爭戰略的分析，可以有效的分析客戶的競爭環境。對企業戰略制定產生全球性的深遠影響。波特認為，一個行業中的競爭，不止是在原有競爭對手中進行，而是存在五種基本的競爭力量，這五種基本競爭力量的狀況及綜合強度，決定著行業的競爭激烈程度，這一切最終決定著企業保持高收益的能力。這五力包括：供應商的議價能力、購買著的議價能力、潛在競爭者進入的能力、替代產品的替代能力及行業內競爭者現在的競爭能力。

10、全面品質管理

全面品質管理(Total Quality Management, TQM)，是美國通用電氣公司的費根堡姆和品質管理專家朱蘭(Juran)於 50 年代末期所提出的概念。主要是以顧客的需求為中心，承諾要滿足或超越顧客的期望，全員參與，採用科學方法與工具，持續改善品質與服務，應用創新的策略與系統性的方法，它不但重視產品品質，也重視經營品質、經營理念與企業文化。也就是以品質為核心的全面管理，追求卓越的績效。

TQM 強調的是領導與管理，如高階主管的堅持與參與、主管的以身作則、全員參與及團隊合作，以及推動員工賦權與能，更重要的是灌輸員工正確品質觀念及建立品質文化，貫徹持續改善、追求完美的精神。

(三)管理智慧

「智慧」是什麼? 這是一個很難回答的問題，它是自然運作的一個法則，很難有一個明確的定義，不過大多數人也都曉得智慧跟聰明不同。古希臘哲學家赫拉克利圖斯說：「智慧是按照自然指引，聽從內在的聲音。」智慧它不是用「學習」可以學到的。它是從日常的生活中「悟」出來道理，而且運用在日常生活當中。

我們將所「悟」出來的道理，運用在管理上，稱它為「管理智慧」，例如，我們所熟悉的古文經典如「易經」、「道德經」等等，這些經文當中就存在很多的智慧，但是一般從經文中很難體會它真正的道理，而是要深入的去思考，參透它，然後恍然大悟，原來是這樣，最後你就會「悟」出它真正的道理，然後把它運用在方方面面，如做人、做事，這些道理就會成為你做人處事的原則。如果把它運用在管理上，就是我們所謂的「管理智慧」。例如易經「一陰一陽之謂道」運用在管理上面就是「管理智慧」。

「睿智」是大多數人追求的境界。那麼，有智慧的人，他的行為表現有哪些特別之處呢？著名的美國心理學家亞伯拉罕馬斯洛研究了各個領域的偉人、智者後列出他們具有的 15 個特徵，摘述如下[8]：

1、卓越的判斷力

有智慧的人能全面和準確地洞察現實而不摻雜主觀願望和成見。這裡的判斷力包括兩個方面，一是透過現象看到本質，不會停留在表面上品頭論足；二是能根據現在，預測事情未來的演變，所以雄才大略、高瞻遠矚。

2、善于接纳自己

智者勇於承認自己的弱點，努力朝著他們能夠成為的人前進。由於這種自我接納，他們不會花工夫糾結於自己的失誤。他們不完美，但是他們尊重自己，

[8]、資料參考引用自<http://health.people.com.cn/n/2015/1031/c21471-27761029.html>

對自己的現狀感覺良好。

3、有一顆單純、善良的心

「大人者，不失其赤子之心」，真正智慧的人，不會斤斤計較於一得之利，一孔之心，而保全自然無偽的本色，用率真、單純之本心對待萬物。

4、能夠心懷天下

偉人、能人必定是心係蒼生、胸懷天下的，他們重視天下甚於重視自我。有這樣一份責任感和使命感，使得他們不為小事所困，而更加堅毅和勇敢。

5、善於獨處

對於具有偉大心靈的人來說，他們享受獨居的喜悅，也能享受群居的快樂。他們喜歡有獨處的時間來面對自己、充實自己。

6、能夠我行我素

智者比一般人受文化規範和習俗的約束少。他們有不依賴別人來滿足的安全感，會以適合自己的方式表達思想和願望，而不會太在意社會是否贊同。但這不是冷漠無知，而是更懂得自己「應該」怎麼做，而不受社會影響來規劃自己的生活。

7、懂得欣賞世界

有智慧的人通常是童心未泯的，他們能用好奇的心、純淨的眼去感受和欣賞世界。心中無塵，才能做到一沙一世界，一花一天堂。

8、有過「天人合一」的體驗

這是一種被馬斯洛稱為「高峰體驗」的狀態。在這種狀態中，人會感覺時空被超越，焦慮和恐懼消失，取而代之的是人和宇宙的統一感，是片刻間的力量感和驚奇感，會感覺到曾經困擾自己的問題似乎不那麼重要了，原來的恐懼被一種順其自然的感覺和對生活的強烈欣賞取代。

9、擁有高品質的友誼

這些人朋友不多，但他們的友誼卻深厚而有益。他們可能有許多淡如水的君子之交，素未謀面，卻彼此心儀，靈犀相通。

10、有民主、平等的意識

有大智慧的人通常懂得尊重不同階層、不同種族、不同背景的人，並且能以平和、冷靜的態度對待各種意見和價值觀。

11、能夠區分手段與目的

成大事者強調目的。但他們也常常將活動經歷、過程當作目的本身，因而比常人更能體驗到活動本身的樂趣。

12、富有幽默感

他們的幽默感很少針對特定的人或群體，不會去嘲笑他人，而是更多地審視人類社會與自我，以富有哲理的思考與自嘲來化解現實中的種種不如意。

13、有創造性

智者並不是按傳統的寫詩、作畫方式來表現創造性，他們的創造性體現在日常生活中，如教師想出與學生進行思想交流的新方式、商人想出聰明的手段促進銷售等。

14、有開放的心態

海納百川，有容乃大，君子有包容萬物的胸懷和氣度，這充分體現了一個人的內涵、修養。

15、做事投入，能夠專心致志

與常人相比，他們工作起來更刻苦、更專注。對他們來說，工作並非真正的勞苦，因為快樂恰恰寓於工作之中。

四、管理太極

(一)什麼是太極

1、「太極」名詞由來

「太極」是中國道家文化史上的一個重要概念[9]、範疇，就迄今所見文獻看，初見於《莊子》:「大道，在太極之上而不為高；在六極之下而不為深；先天地而不為久；長於上古而不為老。」後見於《易傳》:「易有太極，是生兩儀。兩儀生四象，四象生八卦。」莊子之後，後世人們據周易繫辭相關「太極」的論述而逐漸推演成熟的太極觀念，著實吸收了莊子混沌哲學的精華。古希臘哲學家赫拉克利圖斯說:「智慧是一種心靈，認識到駕馭並存在於所有事物中的一切即一。」這個「一」與老子在「道德經」所說的:「一生二、二生三、三生萬物」的「一」應該是相同的意涵，這個「一」就是「太極」。

太極觀念迷離恍惚地看待萬事萬物的現象和本質的人生態度，以及這種思維方式本身，實則包涵著清醒睿智的哲學思想，其終極目的是希望人類活動順應大道至德和自然規律，不為外物所拘，「無為而無不為」，最終到達一種無所不容的寧靜和諧的精神領域。

2、太極的涵意

太極是中國文化中最重要的圖案之一[10]。以古文的意思，「太」是極致的意思，「極」則代表無限，太極的一個簡單含意就是至於無限的意思。「至於無限」並不單指向外的無限擴張，也是內在的極致探究。它不僅是空間的無限，也是時間的無限，並且不是單一方向的無限。從另一個角度來說，太極是「其大無外，其小無內」，這是中國原始的宇宙觀，不管是天空浩瀚的星河，或是人體內的一個小器官，在在都體現太極的意涵，宇宙雖然萬象林立，但都蘊含太極的道理。

---

[9] 資料參考引用自 <https://www.newton.com.tw/wiki/%E5%A4%AA%E6%A5%B5

[10] 資料參考引用自 <https://salongie.wordpress.com/2019/09/05/fengshui-taichi/

中國的太極觀念其實相似於印度「空」的禪理。然而有趣的是，佛教是出世的宗教，「空」的對立是「有」，但佛教不講「有」，因為「有」就是擁有，執著，就是我們追求的權力、地位、名望、金錢等等世間上庸俗的一切，佛家認為這些身外之物，終究要隨著肉體的死亡而消失，所以世俗的快樂是短暫的，就像水波泡影一般，稍縱即逝。一個人若能參透佛家的道理，就能達到「空」與「有」無二無別的涅槃盤境界。但中國是入世的民族，中國人很少講「空」，卻比較關注「有」的層面，那就是「空」如何幻化成「有」。太極如何能夠變化成宇宙萬物呢？ 因為太極中有鼓一氣，這個氣的變化使太極化生「陰」與「陽」二氣，陰與陽就是宇宙中正負對立的兩種不可見的氣，由於陰陽二氣的時而對立、時而激盪，時而平衡的態勢，使宇宙維持在一個以人類的眼界看來是一個亂中有序，但卻也不是恆久不變的狀態。

3、太極的道理

《易經》上說：「一陰一陽之謂道」，意思是說陰陽就是宇宙萬事萬物的道理。然而，陰陽蘊含什麼道理呢？ 基本上，陰陽蘊含著四種狀態，就是陰陽對立、陰陽互用、陰陽消長與陰陽轉換，說明如下：

(1)陰陽對立

太極圖上，「黑色」的部分代表「陰」， 「白色」部分代表「陽」，陰陽既是黑白分明，卻又呈現一種旋轉流動的狀態。從本質上來說，陰與陽是一種對立與衝突，雖然在過程中有時會達到某種平衡，但事實上，只有不平衡狀態下的矛盾與衝突才能創造新的事物。凡是相對立的事物，基本上都可類比於陰陽的觀念，像是天與地，日與月，雄與雌，黑與白，男與女都是陰陽的概念，而且不只是物質世界的東西可以比擬陰與陽，人的內在世界如善與惡，對與錯，慾望與滿足，昇華與沈淪...等等，任何精神上的對立關係都可以是陰陽的對立觀念。

(2)陰陽互用

特別的是，從表面上看陰陽雖然是對立衝突的，但實際上卻是彼此不可或缺的。中國俗話說「孤陽不生，孤陰不長」。從人的角度來說，男為陽，女為陰，夫妻相愛而生下子女，縱使實際社會面上存在許多兩性競爭的情況，但從繁衍後代來說，雌雄兩性還是互為需求的。即使從一個人的內在來說，人性並不全然是善良的，也不是全部邪惡，善良為陽，邪惡為陰，我們內心陰陽兩面常造成自我衝突，這種內在的交戰情況時常讓我們無所適從，政客和神棍會從表面上看似善良的手段，來達到內心邪惡的目的，反之亦然。從個人的人際關係到複雜的國際關係中很容易觀察和理解這種道理。對立就會產生衝突，衝突破壞了舊有的平衡，產生新的事物和秩序。許多國家在意識型態上也許相互對立，可是在經貿關係上又互取所需。在很多的關係當中，既對立又互為需求狀態比比皆是。

(3)陰陽消長

從太極圖當中，我們很容易感受到其中陰陽消長的信息，自然界中最顯著的陰陽消長就是四季的變化，和月亮的盈虧。陰陽有消長，天地才有循環，季節才有轉換，陰陽消長正常，地球萬物就會處在一個相對的平衡之中，生物就在這種穩定的環境下繁衍滋長。若是陰陽失去平衡，偏陰或偏陽，大自然就開始失去秩序，對人類或生物而言，這將是一個充滿考驗的時代。

(4)陰陽轉換

陰陽除了對立，消長還能互相轉換，陰陽轉換在自然界是一種巨大卻難以覺察的現象，人類在科學上取得的成就，例如能源和核武等，讓我們能夠一窺自然元素的巨大能量。而在人類的心靈上，陰陽轉換可以視為一種蛻變或昇華，宗教上的信仰和修行就是一種陰陽轉換的目的。以中國的道家為例，道家的終極信仰認為人可以藉由修行達到與宇宙結合為一的目的，稱之為「天人合一」，其修行的手段就在於陰陽轉化，使陰性物質的人體轉變成陽性，或者說由物質轉化成靈性，人藉由大地而生，食用五穀而活，此為物質性的陰，而人的精神性靈則為星光賦予的陽。陰陽之道，陽可以化陰，但陰無法化陽，修行只有精神向上提昇一途，反向即是墮落，「純想即飛，純情即墮」，藉由陰陽轉換的修行使陰性的質性轉化成陽性，最後得以達到真正的自由。在中國的道家眼中，陰陽是一種糾纏，由陰陽產生的五行物質世界是人類最大的束縛。天地是一個大陰陽，世間是一個大苦海，藉由陰陽的轉化修行才能脫離苦海。道家認為「跳出三界外，不在五行中」的人才能稱為「真人」。

現在也有許多人把「物質」與「暗物質」，或者「暗能量」等等科學上的東西與太極陰陽觀念相連結，這些都能增加許多思考的角度，人可以從科學來認識世界，也可以從哲學理解人生，陰陽五行則是中華文化對宇宙萬物特有的觀察角度，是科學之外的另一種參考。

(二)管理太極

1、一物一太極，管理就是一個太極

萬事萬物都是太極，管理也不例外，也是一個太極。從易經陰陽的觀點來看，管理中含有管理的「道　」與管理的「術」[11]，兩個合起來就是一個「管理太極」(如圖 1-5)。「道」一般是指事物的根本原則和規律，「道」的思想強調整體性、原則性和系統性，是管理中更深層次的根本「價值」、「規律」、「原則」，重視「創造性」、「概括性」和「整體性」多過「具體性」。「管理的道」就是我們前面所講的「管理智慧」; 而「術」的思想則強調局部性、操作性和技術性。是屬比較具體的「技巧」或「方法」，「管理的術」是我們前面所講的「管理知識」。

管理必須兼顧領導與執行，領導重「道」而執行重「術」，「道」與「術」依職位的高低比例各有不同。領導與執行是分不開的，有人認為提升「領導力」就可以提升管理績效；也有人認為提升「執行力」也可以提管理績效，實際上「領導力」與「執行力」是分不開的，是一個「管理太極」，領導力很強，但沒有人執行，「領導力」變成空談，執行力很好，但沒有好的領導，績效的提升也有限。因此，一個好的管理者，應該善用「管理太極」，兼顧「道」與「術」。同時提升「領導力」與「執行力」。才能提升整體的管理績效。

---

[11]、資料參考引用自李瑞華教授為《哈佛商業評論》所出版的《管理力》一書所寫的序「管理與領導的道與術」。

道：
- **事物的根本原則與規律。**
- **思想強調整體性、原則性和系統性。**
- **是管理中更深層次的根本價值、規律、原則。**
- **重視創造性、概括性和整體性。**
- **是屬於管理智慧。**
- **是偏重領導力的層面。**

術：
- 思想強調局部性、操作性和技術性。
- 是屬於比較具體的技巧、方法。
- 是屬於管理知識。
- 是偏重執行力的層面。
- 要提昇整體管理績效，必須同時兼顧領導力與執行力。

管理太極圖

圖 1- 5 管理太極

2、術與道間「度」的拿捏

管理中的「道」所展現出來的就是領導的智慧，是重視根的價值與整體性，是領導力的展現，「領導」主要的責任，是決定要做「什麼事」及要用「什麼人」，尤其是主導願景、核心價值、核心戰略等關鍵大事及任免高階主管等關鍵人才；而「執行」主要的責任，是「把事做對」及「把人用好」。管理者必須兼具「領導」和「執行」的能力，把對的事做對，把對的人用好，才能產生最佳效益。這兩者孰輕孰重，是因時空因情境不同而千變萬化的，沒有一定的標準答案。真正的挑戰是動態平衡，所以最難也最關鍵的功夫就是「度的拿捏」，愈高階的管理者「領導」比「執行」更重要，「拿捏」的功夫也愈重要。

管理中的「術」所展現出來的就是執行的能力。主要是「怎麼做」，如何具體的有效操作和執行，是要有具體的執行成果，一般的管理者必須「術道兼具」，才能有效管理和領導，術與道孰輕孰重也是「動態平衡」，愈高階的管理者，「道」比「術」更重要，術與道之間「度」的拿捏也很重要。

「道」是創造性，是屬陽；「術」是跟隨與執行，是屬陰。陰陽需同時存在，「道」與「術」合起來是一個管理太極。一個成功的管理，要了解管理陰陽運作的道理，要同時兼具「領導力」與 「執行力」。

一般管理者大多追求「管理知識」及管理的「技巧」或「方法」，但普遍忽視「管理智慧」。在全球化、科技化、網路化、移動化的大環境下，我們一味地追求快，會變得非常浮躁，發揮更多的創意去找捷徑，而忽略了要蓋好更高更大的樓，打好地基及按部就班更是重要，而且要遵守自然的道理。不能不顧環境，違背自然法則，盲目追求極快、極大化。

3、管理太極的應用

西方管理學者在上一世紀提出「轉化型領導」(Transformational leaders) 及「交易型領導」(Transactional leaders) (Burns, 1978) 的思維，而儒家在兩千多年前就提出「王道」和「霸道」。「王道」是透過教化的手段和過程去擴大影響力而「平天下」(更和諧的社會，更好的世界)，那不就是「轉化型領導」？「霸道」是透過厲害強勢的手段和過程去擴大影響而「得天下」(我的，我們的世界)，那不就是「交易型領導」？「平天下」是「天下大同」，是「普渡眾生」，是「責任」，是重「義」的心態；「得天下」是「利益」，是「占有」，是「我贏你輸的零和」，是重「利」的心態。初衷、心態不同，對成功的定義就不同，所遵循的「道」和所用的「術」也就不同。這是「管理太極」的運用。

從管理太極觀點來看，「管理」本身也含有領導的成分，領導就是引領和導引他人去完成任務，同時幫他們不斷學習成長。管理就是以人為的手段和方法改變現狀，有效的管理就是愈管愈好，是一個不斷良性轉化的過程，也是一個避免惡性轉化的過程。轉化過程中，「人」是根本要素，人轉化了，事就自然跟著轉化。「轉化型領導」跟「交易型領導」最關鍵的差異，在於「交易型」只在乎把事做好，而「轉化型」則要求在把事做好的過程中，人也要轉化成更好的人，如此則未來才能把事做得更好，「人」與「事」不斷地相互影響，不斷地轉化提升，潛能也就不斷地釋放出來。

第二章 易經概要

一、易經的創作演進

(一)易經是中華文化思想的總源頭

《易經》是中華民族古代文化思想的起源[12]，由史前人類所遺留的卦象、圖案，以最簡單的陰陽原理，進而推演出宇宙萬物及人類社會演化的一切法則，道家的自然無為，儒家的致中和，陰陽家的二氣五行，縱橫家的長短略，醫學家的經絡，天文學家的星象等，無一不淵源於易學，雖然科學昌明，許多科技新知被發現，但都無礙於易學的精神，反而愈加證實易學的可靠性和真理。

一般人，包括知識份子，對《易經》這部書都很陌生，看到《易經》裡面的卦象，總是以卜筮問卦、地理風水，或一般哲學書籍看待，沒錯，中華古代朝廷確實設有卜筮之官–欽天監。遇有國家大事，便運用《易經》的原理占吉凶。然而占卜只不過是《易經》學理中所推演出的一小部份作用罷了，古代的《六經》、《四庫全書》、《圖書集成》，都將《易經》列為群經之首，假使《易經》只是卜筮之書，如何能被列為群書群經之冠呢。《易經》兼融並畜著儒釋道三家的文化；儒家重經世，釋家重心性，道家則法自然，而此三家皆不出於易學的範圍。

(二)易經的創造

易經是怎麼創造出來的，至今仍眾說紛紜，沒有一個定論。傳說易經六十四卦的卦象是紀元前 48 世紀，也就是距今六千八百年前由伏羲氏所畫的，六十四卦包含了天與地之間的所有道理，即使在今天，也未必有人能用如此簡單的一套符號，把天地之間的所有道理都包括在裡面。也令人很難想像在那樣遠古的時代，伏羲氏就能做得到，是不是真的完全由伏羲一個人所完成，其實很多人都有很多疑問，而且想推翻這個傳說，但是至今沒有一個人能提出更有力的

---

[12]、資料參考引用自 鐘茂基 所著「易學初階」p19-21

證據來說明不是伏羲所創。2010 年，有一家德國的漢學研究機構在長期研究了易經六十四卦後，公開對外表示他們不相信六十四卦是紀元前 48 世紀伏羲氏所畫的。六十四卦的卦象應該源自於地球的上一個高度文明，只不過碰巧被伏羲氏所發現而已，但是這家德國機構並沒有提出任何證據來支持這個說法。

(三)「人更三聖，世歷三古」完成易經

易經是如何完成的？《漢書•藝文志》裡記載：「易道深，人更三世，世歷三古」，易經的完成經歷了三個世代及三位聖人的心血結晶，第一位是上古時代的伏羲，傳說當年伏羲坐在一座高臺上，仰觀天象，俯察地理，思索多日，終於畫出了八卦圖，並將八卦重疊而成六十四卦，而這座伏羲畫卦台則一直保留至今；第二位是中古時代的周文王和周公父子，伏羲畫出的八卦圖，當時並沒有文字，只有符號，《易經》的卦、爻辭，傳統上一般通論認為是周文王被囚於羑里時所作；另有一說：文王作了卦辭後，爻辭尚未完成即過逝，他的兒子周公姬旦繼續了這份工作。周公在輔佐成王十多年後還政於成王，自此完全退隱，不問政事，接手完成他父親的未竟之志。也就是根據文王所排定的卦序，對爻辭作整理、刪改與增補。

第三位是近古時代我們所熟悉的孔子。文王與周公父子之後五百年而有孔子，孔子五十學易。孔子在曲阜二十多年的講學生涯中，大部分的時間精力是花在易經上的。根據史書記載，孔子作《十翼》，但也有學者認為不完全出自同一人，這樣的懷疑很正常，但仍無法否定孔子的貢獻，部份篇章也可能是集體創作的成果。易傳十篇，即繫辭上下篇、彖辭上下篇、象辭上下篇、序卦傳、說卦傳、雜卦傳、乾坤文言，稱為十翼。孔子作易傳的目的，就是用來解釋易經的經文與哲學觀念。

《易經》成書所經歷的時間非常久遠，所經過的聖人也非常多，可以說《易經》是中國古聖先賢所集體創作的成果，因為農業社會分工合作的特性使然，中華民族幾乎所事物都是集體創作的，很少由一個人單獨完成的。有些人認為人類最早的一本書，應該是中國的《易經》，它是一本談變革的書。此書在今天仍具有其時代意義，《易經》是由八卦相重疊成為六十四卦所組成的一部奇書，

這六十四卦代表了天地間及人事上 64 種不同的情境，並且建議人們在不同情境下應該抱持何種心態、採取何種行動，及如何提升自身的修養，以趨吉避兇，化險為夷。易經的創造演進整理，如圖 2-1。

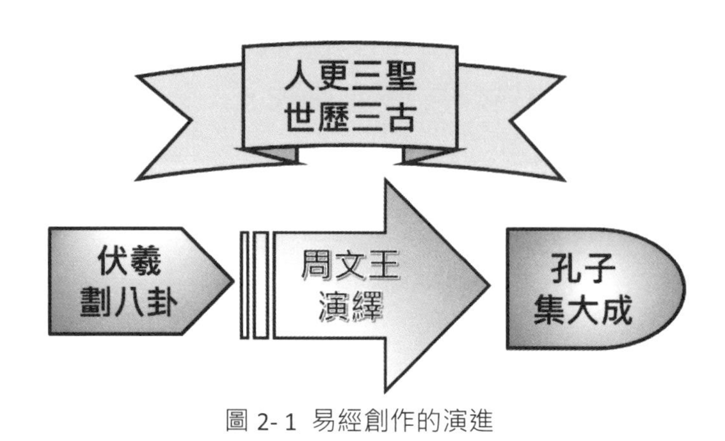

圖 2- 1 易經創作的演進

二、為什麼要讀易經

(一)千百年來古今中外名家推薦必讀

古今中外，世界各國對於《易經》的研究熱情經久不衰。《易經》是中國最古老的典籍之一，也是中華民族對人類文明的傑出貢獻之一，它深遠地影響著人們的思想和行為。易學博大精深，玄妙深奧，千百年來，從帝王將相到平民百姓無不推崇。唐朝宰相虞世南曾言：「不學易，不足以為將相。」唐代大醫學家孫思邈也說：「不知易，不可以為醫。」

1701 年，德國數學家萊布尼茲(Gottfried Wilhelm (von) Leibniz)透過《周易》的兩張圖【伏羲六十四卦次序圖和方位圖】從而堅定了其發明二進位的信心。事後，出於對周易文化的敬仰，他在德國法蘭克福城創立了中國學院。

19 世紀下半葉，日本在明治維新時期提出「不知《易經》者，不得入閣」的組閣原則，掀起了學易用易的熱潮。

歐洲哲學權威容格捷恩(Carl Gustav Jung)說 ：「談到世界人類唯一的智慧寶典，首推中國的《易經》。在科學方面我們所得到的定律常常是短命的，或被後來的事實所推翻，唯獨中國的《易經》，亘古常新，相延六千年之久依然具有價值，而與最新的原子物理學頗多相同的地方」。

1988 年，75 位諾貝爾獎獲得者，在巴黎發表宣言稱：「如果人類要在 21 世紀生存下去，必須回過頭到二千五百年前去汲取孔子的智慧。」現代研究發現，孔子對易經的哲學註解對後世產生著深遠影響。

(二)讀懂易經讓你人生定位做人處事遊刃有餘

一提到《易經》大多數人首先會想到的就是算卦、占卜，事實上算卦、占卜只不過是《易經》的冰山一角。清華大學的兩句校訓：「天行健，君子以自強不息。地勢坤，君子以厚德載物。」這就是出自於《易經》的「乾坤」二卦，「乾坤」二卦是《易經》的天地門戶，也是人生的最高哲學思想體現。真正的讀懂《易經》這兩個卦象，就可讓你在生活、職場及人生定位中遊刃有餘。

《易經》是中華文化的精髓所在，是諸子百家的總源頭，幾千年來《易經》一直被人們譽為「群經之首」，這是因為《易經》包羅了宇宙萬物產生、變化的根本規律，其原理被無數的智者所證實並廣泛得到應用，甚至所有的哲學思想，在易經裏面都能找到蹤跡。「文化」是企業、民族及國家的立足之本，不同的企業、民族與國家，「文化」也各自不同，各種不同的文化個性組成大千世界。從企業老闆到一般的平民百姓，對於想成為成功人士的每一個人來說，都離不開《易經》的智慧。

《易經》告訴我們，人生修養的最高境界就是「樂天知命」。「樂天」就是知道宇宙的法則，合於自然。「知命」就是知道生命的道理，生命的真諦，乃至於自己生存的價值。這些都搞清楚，就沒有什麼煩惱了。因為痛苦、煩惱、艱難、困阻、倒霉等等都是我們生活中的一個階段。哪怕得意也是，每一個階段都會變化，因為天下沒有不變的道理。只有自己的內心不受外界所動，才可以真正的掌握自己的命運。了解《易經》的道理之後，命運、心念通通可以自己改造。人定可以勝天，命運是靠自己努力的。

《易經》的智慧教導我們以不變應萬變，真正的建立自我價值，不迎合。不一味求變，老子在《道德經》第七章這樣說：「聖人後其身而身先，外其身而身存，非以其無私邪？故能成其私。」大概意思是：「有道的聖人遇事謙退無爭，反而能在眾人之中領先，聖人將自己置身度外，反而能保全自身，這不正是因為他的無私嗎？所以成就他的自身！」這裡的「私」也是相對的，它僅僅是一個人的心願。他想利眾，那麼利眾就是他的私心；發願利眾，在這裏稱為聖人。聖人之私，其實是一種大心和大願，所以反觀人性的私心角度上來看聖人是無私。也正是因為他們的無私，他們的願望反而能實現。

如果我們向聖人學習，從無私心、至善心的真實想法出發，觀察瞬息萬變的社會動態、商業動態、人文動態以求達到突破，成功與否只看初心和發心，而不論個人或是企業家，通常能做到這樣往往沒有不成功的。

三、易卦結構與變化

(一)易經的內容

易經的內容大概分三個部分，一為伏羲氏畫八卦。二是周文王被紂王囚禁於羑里，在憂患中，居幽而演《易》成六十四卦，並作卦辭，透過歷史的事實，生活的體驗，陳述天地生生不息之道，周公作爻辭。三是孔子作《十翼》，也稱易傳，包括「彖辭上下傳」、「象辭上下傳」、「繫辭上下傳」、「文言」、「說卦傳」、「序卦傳」、「雜卦傳」，用來闡釋《易經》。班固曰：「孔子晚而好易，讀韋編三絕，而為之傳。」《十翼》是使《易經》脫離了迷信的占卜書，進而成為道德哲學性的一個轉捩點，以闡明義理為宗旨[13]。

易經的內容除卦的象(如圖 2-2)以外，還有卦辭、爻辭及十翼，概述如下：

1、卦辭：

文王所作，每卦現象之總括說明。如乾卦：「元、亨、利、貞。」坤卦：「元、亨、利牝馬之貞。君子有攸往...安貞吉。」是為卦辭。

[13] 資料參考引用自 鐘茂基所著 「易學初階」P39-44

2、爻辭：

周公所作，每爻現象之分析解說。如乾卦中之：「初九：潛龍勿用。」「九二：見龍在田，利見大人。」「九四：或躍在淵，無咎。」「上九：亢龍有悔」是為爻辭。

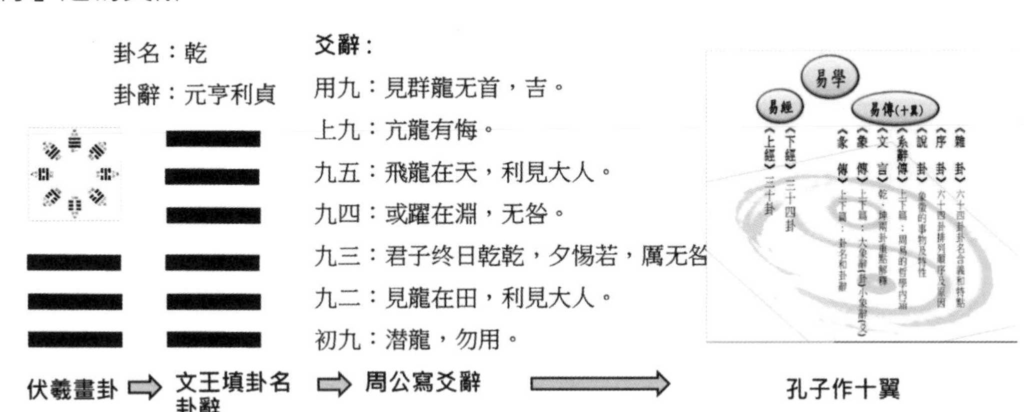

圖 2- 2 易經的內容

3、彖辭：

彖據說是古代一種牙齒犀利的獸類，能夠咬斷堅硬之物，所以孔子假借為其斷語之辭，可以斷定一卦之義，知道一卦陰陽消息，剛柔變化的不同，及其生成原理，從卦德、卦義、卦情，一一作了解釋與說明，等於是一卦總論，先釋卦名，後釋卦辭。如蒙卦彖曰：「蒙，山下有險，險而止，蒙。蒙亨，以亨行時中也……蒙以養正，聖功也。」

4、象辭：

解釋卦象稱大象，解釋爻象稱小象。大象分列於每卦之後，爻象分列於每爻之後。「象」即為象徵、形象之義。象辭有正面與反面的敘述，如取象於自然界的變化，比卦「地上有水」、蒙卦「上下出泉」、師卦「地中有水」，是正面的比喻。而訟卦「天與水違行」、謙卦「地中有山」、賁卦「山下有火」，是反面的比喻，以自然現象的不同比喻的人生意義也不一樣。

5、繫辭：

是《易經》全面性的註解，為孔子研究《周易》之通論，它有總綱，有細目，其內容論及《周易》作者，成書年代，觀物取象的方法，易學的重要作用，並解釋八卦，展示易筮之法，還穿插解說了多則爻辭等，泛論作易之本旨及鋪述易道之廣大，並指陳卦爻數象義理之精華，是初學易經必須研讀之文獻。

6、序卦傳：

說明六十四卦排列先後的次序，分為上下兩篇，上篇由乾坤至坎離，共三十卦，言宇宙自然及社會現象，含有宇宙及人類進化等諸哲理。下篇由咸恆二卦至既濟、未濟卦，共三十四卦，言人事現象、家庭人倫及處事之道，由天地萬世始，在《序卦傳》中，可以知道天人相應，本末終始之義，尤其在《易經》的六十四卦以「未濟」為終，更明白指出，易的生生之德，生命永不停留，永遠有新的出發。

7、說卦傳：

闡明易經的根本原理，解釋八卦的卦象與卦義，從體、相、用三方面總說八卦的形成與性質，及所代表的物象與陰陽三才六位之說，進而由八卦相重相錯，成生生不已的次序，而有《易經》六十四卦生成變化的軌跡，也是占筮者不可或缺的重要依據。

8、雜卦傳：

取兩兩相錯或兩兩相綜的兩個卦，以一字或兩字畫龍點睛，勾勒出易道之要義，對比解說之，使每一卦活靈活現，不失《易經》「易簡」之義。如「乾剛坤柔」、「比樂師憂」、「咸，速也。恆，久也。」

9、文言：

《文言》是乾坤兩卦所獨有，因為乾坤兩卦是易之門戶，六十四卦之根本，明此二卦之理，方能解析其他諸卦而不失其大義。因此要瞭解乾坤兩卦深一層之意義，就必須熟讀乾坤二卦的文言。關於「文言」兩字之義，一般認為，言之無文，行而不遠，故用有文采的語言來修飾乾、坤二卦，這種文辭，即為文言。它樹立了中國人心目中的道德人格，如：「夫：大人者，與天地合其德，與日月合其明，與四時合其序，與鬼神合其吉凶，先天而天弗違，後天而奉天時，天且弗違，而況於人乎！況於鬼神乎！」

(二)八卦的形成及其要義

《繫辭傳》:「古者包犧之王天下也，仰則觀象於天，俯則觀法於地，觀鳥獸之文，與地之宜。近取諸身，遠取諸物，於是始作八卦，以通神明之德，以類萬物之情。」伏羲聖人觀天象四時等種種變化，並研究山川地勢及鳥獸之活動軌跡，由自身及於萬物，於是歸納而創作了八卦，四象是由陰陽相合而太陽、少陰、少陽、太陰。世間一切現象皆歸類成四大現象，四個循環的過程，例如人的際遇，離不開吉、悔、凶、吝的循環法則。人的生命，則是逃不過生、老、病、死的過程。一年四季的變化如春、夏、秋、冬。這都是《易經》四象的原理，不過其現象僅及於大化，其形態未顯著，仍需要再相應相生，配陰陽於四象之上而形成八卦(如圖 2-3)。

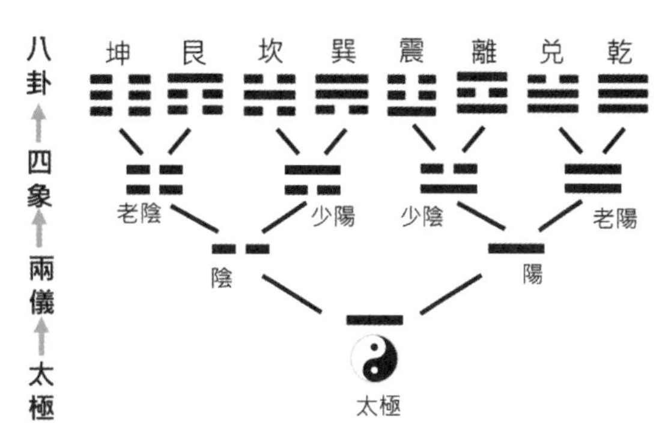

圖 2- 3 八卦的形成

《繫辭傳》:「聖人有以見天下之賾，而擬諸其形容，象其物宜，是故謂之象。」聖人能看出天下萬物各有性能，而模擬其型態，描繪出它們各自性能之所宜，設立卦象，以天、澤、火、雷、風、水、山、地八大自然現象說明外，也指出天地間的八大作用、生命的八大原理、人生的八大方向、空間的八大方位、季候的八大節氣...等等，推衍出宇宙人生，萬事萬象的八大類型，而成為《易經》構造思維的八大範疇[14]。

八卦係根據自然現象而命名，掛一以類萬之意，從《說卦傳》及《彖辭》、《象辭》中，可以概見八卦的性能象徵的意義，擇要摘錄列舉如下：

1、乾卦☰：乾，健也，主動，大象為天。

乾卦象徵動能，宇宙萬物，無時不動，大至恆星太陽之光能照射，小至原

[14] 資料參考引用自 鐘茂基所著 「易學初階」P65-74

子電子，皆振盪旋轉不息。地表上之物，如氣流、浪潮、地殼、動植物細胞之代謝，人之呼吸心跳，都未曾稍息。此種動力之來源，《易經》即稱為乾元，乾元是積陽能而成，為萬物萬象生發之生機與動力。乾於人身象徵頭首，頭腦為神經中樞，思想、記憶、感官皆集於首。首為人身之主，司命之君，精神動能之源，故乾為首。

乾於動物為馬，馬性剛健，能長時間負重奔馳，古代用為驛店運輸聯絡之器，其眠立而不蹲臥，健之至也。乾於礦物為金玉、寒冰。乾性至剛至堅，古代以金玉寒冰為最堅之物，故引之為喻。乾於象為圓，《說卦傳》：「乾為圜」，宇宙萬象皆循著圓的軌跡運行運作。大如太空星球的運行軌道，小至電子繞原子核的振盪，無不是圓的作用，圓亦代表廣大無邊，圓融無礙之義。

2、兌卦☱：兌，悅也，主決，大象為澤。

兌之卦象缺於上，有如開口之狀，開口發言為「說」，開口嘻笑為「悅」，皆兌字之象，兌卦又有更換之義，如錢幣兌換、匯兌、兌現等。「脫」字乃衣裳或蟲蛇外殼之更換。「蛻」字為原子內外射而變化成它種元素的現象。兌屬金，金屬之鋒利者為「銳」，以上諸字皆是自兌卦之象而引申出來的。

兌之大象為澤，澤是水草交接之地，水多則成湖泊，草多則成水草區。澤易於變動，如沙漠中之綠洲，忽現忽隱，其為生命之源，人畜皆賴以滋養生命，水澤之處，各種生命之聚會所，接納並養育著所有生命，故引伸為恩澤、德澤。恩澤及於天下，民受之而悅，故兌為澤，又為悅。

兌於四時為秋收之期，作物結實成熟，而歡悅收成。兌為口，為言說，君子以朋友講習，進德修業，「學而時習之，不亦說乎！」此言君子以成就德學為悅。兌於動物為羊，羊性柔善，古代用以祭天，祈天降祥。吉祥之祥字，即取義於羊也。履卦上九爻曰：「視覆考祥，其旋元吉。」履，禮也。上卦乾為天，下卦兌為羊，即行郊祀之禮，以羊祭天也。

兌，主決，為金屬。兌卦雖如少女、羊之柔順，但柔中有剛，帶有嚴肅果決之質。兌為秋季，孔子作《春秋》。春生秋殺，春生為仁，秋殺為義。孔子以仁義為宗旨，故作《春秋》以筆誅伐亂臣賊子。

3、離卦 ☲：離，麗，主明，大象為火，為日。

麗字為兩鹿並行，引申為兩物並列，如兩馬並行叫「驪驂」，夫妻並行叫「伉儷」，離卦二陽在外，一陰在內。乾之色為大赤，坤之色為黃，中黃而外赤，相映而亮麗。有美麗之象，離卦彖曰：「日月麗乎天，百穀草木麗乎土。」皆指一陰附於兩陽之間，有陽氣顯現之象，陳於外表之美。離為火、為日、為光明、為文采。火性炎上，象徵著向上發展，向外表現之貌，因此有輝煌文明的象徵。

離於人身為目，主明。離卦彖曰：「明兩作離，大人以繼明照於四方。」大學云：「大學之道，在明明德，在親民，在止於至善。」明明德便是兩作離，光明德性於天下。於動物為雉雞、孔雀，尾長羽毛鮮艷美麗。離卦，陽在外，陰在內，有外剛內柔，外熱內冷之象。有如火燄，溫度最高在外層，而火心則是最低。又如個性剛強火爆之人，其實內心多柔善良。

4、震卦 ☳：震動也，主行，大象為雷。

震為陽氣初動，震字從雨從辰，辰月為三月，三月陽氣動，雷震而春雨至，為農忙時節，生機開始展現。震為長男，精神體能旺盛之期，於人身為足，有行動、進展之象，於動物為龍，忽隱忽顯，忽上忽下，變動不拘。震於方位為東，《說卦傳》：「帝出乎震。」帝有主宰之義，指初之陽爻而言，為氣化流行之始，於顏色為碧綠，是溫和明顯之色，於五常為仁，植物之種子稱為仁，乃指生機，愛心之謂。

以近代科學觀論之，震為雷為電，工業時代，一切動力科技都靠電來發展，而促進社會文明之進步。

5、巽卦 ☴：巽，入也，主齊，大象為風。

巽卦之象，乃一陰起於乾卦之下。陰初遇陽而好合。陰不能自主，必順從陽，陰陽相從，謂之巽。巽、順二字，同聲同義，此卦為陰順陽，故柔而美。巽居東南，於時令為春夏之交，陽旺不已，萬物至此，便林林總總，齊頭並茂，故曰「齊乎巽」。東南之位，節氣為清明，於八風為東南清明之風，即和暢之惠風，而非狂風、蕭瑟之風。

巽有命令、行權之義，故聖王出令行權，溫厚愛民，使民風歸於溫柔敦厚，化野蠻暴戾之風氣，而成為文明禮讓之風氣。

巽字象兩跪膝相從之狀，故巽有相從、相合、柔順、謙讓等含義。巽為長女，為少婦，有溫柔順從之德，上古母系社會，長女繼承家長，於人事為制度、為權利、為命令，巽為合人，故制度須合宜，權力須合義。命令須合時。巽於動物為雞，雄雞司晨，守信行令，雌雞孵雛，慈愛化育，皆屬德之剛也。巽為已長之木，有生長發育之象，如成熟之婦女。

6、坎卦 ☵：坎，陷也，主險，大象為水。

坎之卦象，有如水流動於上壑之間，水能利益萬物，亦能為害萬物。《老子》說：「上善若水」，是指水之利養萬物，樂於停留在大家所厭惡的卑下地方。所以十分接近道。古人又以大河為阻礙，險難之象，故易經常有利涉大川，不利涉大川之言。此乃一陽入於二陰氣之中，有陷溺之象，故危險、憂患。坎為人之心志，人心易墮落於無明貪慾妄想之中，故多危險。《易經》為聖人憂患之作，此憂患之心，乃聖人悲憫眾生的情懷。

坎為水為月，離為火為日，水火不相射，日月相對，日升則月落，日顯則月隱，但地心含藏豐富熱能，因火山噴口特多，約四萬多個，坎之為月，蓋取象於月球之多陷也。坎於人身為耳，因耳孔濕潤而幽深，為納音之竅，象坎之凹陷也。坎卦水之形，即古代水字，水乃乾金所生，乾之中心一陽，入於坤卦之中而成坎，是先天之金，降為後天之水，故曰天一生水，水為一切生物之源。

7、艮卦 ☶：艮，止也，主成，大象為山。

艮卦係由乾卦三爻之陽，附於坤卦之上。三爻之陽，為陽之末，無法再前進，故有止之意。限為艮旁，故艮有限制、暫停之義。艮之卦形象山，山巒靜止不動，《論語》曰：「仁者樂山。」仁者靜。艮字上加一點，則為良字。艮字旁加犬字，則為狠字。開發良知良能，去除習氣貪慾，乃人生所當止。

《大學》曰：「為人君，止于仁。為人父，止于慈。為人子，止于孝。與國人交，止于信。」艮卦象曰：「艮，止也，時止則止，時行則行，動靜不失時，其道光明。」故艮的止，非終止、截止，乃是要人誠心修身，修達光明至善之境。謂之知止也。

艮於動物為狗，狗看守門戶，不離其崗位，故象艮。於人身為手，動於上之象。艮為少男，屬青少年。艮之卦象，陽在上而接天，乃昇華之象，人在青年時期，須培養理性向上發展，止于至善，以負起創造新時代之使命。

8、坤卦 ☷：坤，順也，主靜，大象為地。

坤《彖辭》曰：「萬物資生，乃順承天。」乾為天，坤之順乾，乃順天。坤卦《文言》:「坤道其順乎? 承天而時行。」坤有順從之德。坤為柔，為靜，乾為剛，為動。剛健發揮，則成柔弱，弱順積久，又成剛健。動極則靜，靜極則動，陰陽動靜不息，乃宇宙創造萬物之原理。

坤於動物為牛。坤卦《彖辭》說:「君子以厚德載物。」牛有柔善承之德，能負重而不居功，坤於人身為腹，腹能容物載物。

八卦，又名八純卦，基本卦，或三畫卦，是由太極原始之氣化，經兩儀、四象之發展，至三畫卦時現象始告成熟。儘管單純的現象已經成熟，然而宇宙萬象的生成、社會人事的變遷等複雜關係，則非八卦所能詳盡說明，故古聖人將八純卦相互重疊，構成六十四卦。建立了六十四種根本原理，代表宇宙萬有的錯綜現象。可以說明宇宙、自然、社會中一切事物演化的過程與真理。

其實易經三畫卦，包括天、人、地。天有陰陽，人也有陰陽、地也有陰陽，如此一來，三畫卦就變成重卦(六畫卦)(如圖 2-4)。這也符合「一陰一陽之謂道」的道理。天有陰陽，地有剛柔、人有仁義，在六畫卦裡，「地」居於一和二，是恆常無為的，「天」居於五和六，也是恆常無為的。只有居於三和四的「人」，經常在製造破壞與紛爭，所以天地之間，只有人會做出「不三不四」之舉，「不三不四」就是「不仁不義」，做為一個人，最需要的是仁義，而不是知識，人只有知識而不講仁義，後果是非常可怕的。

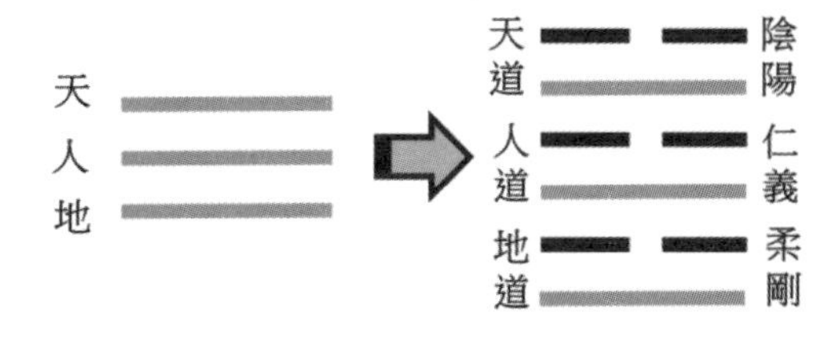

圖 2- 4 三畫卦變成六畫卦

(三)卦的結構解說

《易經》這部書的主要內容是「卦」,「卦」的字義就是「懸掛」,而六十卦就是將宇宙所有事情歸納統整概括分類為六十四種代表情境,方便人們遇到事情的時候能按圖索驥,明白己的處境,並從中尋求對應之道[15]。

卦有二個關鍵字,第一個是「爻」,卦當中的每個符號,都稱為「一爻」。整部《易經》就是兩種不同的符號所組成,陰的符號(– –) 稱為「陰爻」,陽的符號(—) 稱為「陽爻」,例如乾卦所有的爻都是陽爻,坤卦所有的爻都是陰爻。如圖 2-5。

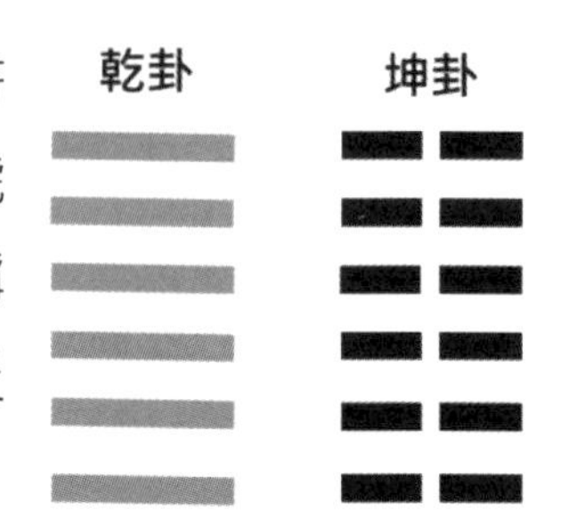

圖 2- 5 乾坤兩卦卦象

卦的第二個關鍵字是「六」,即每個卦都是由六個爻組成,給我們的啟示是要我們把一件事情分成六個階段,一個階段一個階段去調整,當你規劃一件事時,如果把它分解成一百個階段或步驟,結果一定會很亂,如果只分成三個階段或步驟,好像又過於簡化,如果把它劃分為六個階段,再仔細考慮每個階段應當如何調整,就比較能夠做出合情合理的適當分配。

每個卦中的每一個爻,都有它的代號,代表這一爻的時、位、與性質。每一卦最底下那個爻稱為「初爻」,往上依次為二爻、三爻、四爻、五爻,最後一爻稱「末爻」,「初」跟「末」代表「時間」, <易經>最重視的就是時間,任何事情,時間一變,整個情勢就變了,所以我們常講「隨時」,也就是要「隨著時間的不同而調整改變」。「初、二、三、四、五、末」,表述了六爻的「時序」,還有另一種說法「下、二、三、四、五、上」,則表述了六個爻的「位置」,「位置」比「空間」的層次更高,「位置」包括了一個人的身分,包括了一個人的地位,包括了不同的場合,也包括了環境變化。

除了時間和位置之外,還有爻的性質,就是陰或陽。凡是陰的部分都稱「六」,凡是陽的部分都稱「九」。為什麼有人說男人要提防「九」,因為陽到達了極點

---

[15] 資料參考引用自 曾仕強博士 所著「易經的奧祕」P122-130

就稱「九」,「九」就是陽極,《易經》裡有個重要的概念—「物極必反」,任何人、事、物走到了「極」端,結果就必然「反」,所以有「逢九不過」的說法。不去慶祝尾數是「九」的生日。把「九」避掉,例如不做五十九歲生日,直接做六十歲生日。這個概念從物理學的角度來觀察,很容易理解,一個物體一旦到達拋物線的頂端,它一定會往下落,沒有例外。

爻的性質,陽的用「九」,陰的用「六」來表示。這個大家比較容易理解。但「時」的表示:「初、二、三、四、五、末」;「位」的表示:「下、二、三、四、五、上」。如何取捨?一件事情剛開始時,「時」比「位」重要,事情結束時,「位」比「時」重要。例如,一個人出生時「時間」非常重要,父母非常重視出生的時間及性別。重視到有點過分,甚至要請師父看日子、看時間出生。但一個人死亡時間並不重要,重要的是死者的身分和地位比較重要,所以一件事情剛開始,「時」很重要,「位」卻不太重要;一件事情到最後,「位」比較重要。「時」較不重要。因此,卦的開始第一爻,採用表示「時」的「初」,最後一爻採用表示「位」的「上」。用「六、九」來表示爻的「陰、陽」屬性。整理如圖 2-6。

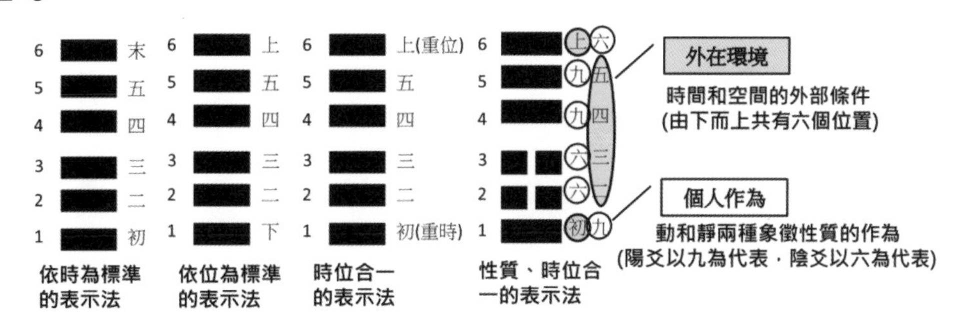

圖 2- 6 卦爻的時位變化圖

理解上述的說明後,大概可初略的看懂《易經》了。翻開《易經》課本,看到「初九」就是「第一爻,屬陽性」,「六二」就是「第二爻,屬陰性」,如此類推,日後當我們看到數字時,就能畫出相對應的卦;看到卦,就能講出相對應的數字。

另外,六十四卦裡,除了卦名、爻代號外,還有用來說明每一卦「卦名」的卦辭,及說明「每一爻」的爻辭,另外還有「用九」和「用六」。「用九」只出現在「乾卦」,「用六」只出現在「坤卦」,凡是陽(—)出現時,我們就知道它是「用九」; 凡是(- -)出現時,我們就知道要「用六」,「用六」比較單純,意指當陰爻出現時,只有一個原則,那就是對你的人、對你的事要忠誠到底,因為陰是配合的,配合的人不能有太多的主見,而是要全力輔佐,從一而忠。「用九」比較複雜,意指當陽爻出現時,它就是創造性的。一個有創造性的東西,不能亂變,所以用九啟發我們:雖然你是陽,你很剛強,理當開創、創造,但是你要完全把握住不同階段的特性,不能只想到創造,否則變到最後,淪為亂變,就會禍患無窮,所以用九要非常小心,要告誡自己:「就算是陽剛十足。就算是創造力無窮,也要注意階段性的調整」。因此,同樣是龍,有的龍可以飛,有的龍還不能飛,要依據自己所處的位置、特性,做適當的發揮,不能隨便表現。

(四)八卦的管理功能

陳明德教授認為八卦與經營的重要功能之間有對應的關係[16],在發展關係時大多依據傳統取象的方法,而付予新的意義。(圖 2-7)是其獨創的八卦「乾、兌、離、震、巽、艮、坤」與經營管理功能之間的對應關係,引述說明如下:

1、乾卦:計劃、領導、和創造

《易經•繫辭傳》曰:「乾知大始。坤作成物」,此處「知」字是管理控制、主導、主宰之義。「乾知大始」萬物都因乾元而開始,故乾可以統理天。乾的功能,在一個企業之中而言便是建立其願景(vision),根據其願景而制訂策略(strategies),依照其策略而擬出計劃(plans)。乾卦爻辭曰:「用九,群龍無首,吉。」象徵能以團隊為基礎,群策群力,用無為而治的方式共同努力(即英文 self-managed team, teamwork, and empowerment 等觀念)。領導人物的重要能力之一是善於激發每一個員工的潛力,團隊成員在不同環境下,能共同推舉最適合的人出來領導。《易經》六十四卦以乾為首,乾卦剛健自強,不斷地創新,故孔子自問自答曰:「夫《易》何為者也? 夫《易》開物成務,冒天下之道,如斯而

[16] 資料參考引用自 陳明德博士所著易經與管理<時乘六龍經營天下的秘訣>P91-94

已者也。」此正是現代企業家創業的精神(entrepreneurship)之最佳註解。

圖 2- 7 八卦與經營管理對應關係圖

2、兌卦：人才、人力資源

兌為悅、愉悅也。經營一個企業天時與地利雖然重要，但「人和」才是其成功的關鍵，所謂「家和萬事興」，人和則事業興。人和不是指大家都和氣相處而已，和是代表陰陽和合，代表各類人才的相互配合。人才雖然重要，若是沒有人和，人才亦難以發揮。兌又代表澤，要能德澤於員工，才能獲得其向心力。澤是湖泊、沼澤，湖泊中有各種動植物生長其中，代表企業要能容納各種人才。兌又有講習、學習的意思，故企業對人才要能善加培育，使其各得其所，能在適當的職位上磨練其心志，培養其經驗。企業的組織應是一個不斷學習成長的有機體，如此方能蘊育出人才。

3、離卦：賞罰、升遷、制度

《說卦傳》曰：「離也者，明也，萬物皆相見，南方之卦也；聖人南面而聽天下，嚮明而治，蓋取諸此也。」離有羅網之義，象徵企業內的法令規章、獎懲升遷制度(incentive system)、和如網絡般的組織架構。離為日，又代表這些制度要明明白白，賞罰分明、使員工知所勉勵和警惕。企業之複雜可謂千頭萬緒，因此必須建立處理各項事務的程序與規則(standard business operating procedures and rules)及組織章程，使得運作起來有條不紊。一個企業若能建立一套合時而適宜的制度和組織，則領導者自然可以南面而聽天下，垂拱而治。不過企業的制度和組織要能與時俱進，不然企業很快就會受到舊制之束縛而僵化，然「徒法不足以自行」還要「制數度，議德行。」建立一套均衡的績效度量系統(a balanced performance measuring system)，從各方面來評估企業的財務狀況、顧客滿意度、發明創新、與企業程序(business process)，並以組織中各單位整體之績效與個人之表現(包括德與行)做為獎懲的標準。法家一向視獎懲為御下之柄，然而獎懲之羅網亦不可太密、若太嚴密則處下位者動輒得咎，人才無從發揮其所長。

4、震卦：震動、創新

震以一陽在下，欲突破在上面二陰所代表的陳舊勢力(如舊有的產品和程序) ，代表企業內一鼓創新的力量。以部門別而言，震卦則可以代表研發部門。《易經》中有著很強烈的創新哲理，此創新的力量是來自觀察社會環境的變動不居的事實。我們若不求進步，很快就會被競爭者超過。所以一個企業不能一成不變。要能夠隨時代環境和市場的變化而求變，才能成為適應者而生存。創新乃適變的唯一途徑，故《繫辭傳》曰：「日新之謂盛德，生生之謂易。」每天不斷地求新求變是企業文化中最重要的一環，能將創新運用到企業的各個層面，才能使企業生生不息而得以永續經營。

5、巽卦：風行、行銷

巽卦一陰爻在下、有漸漸改變在上二個陽爻之象。巽為風，風有用移風易俗和教化的意義。《莊子》曰：「夫大塊噫氣，其名為風。」風雖無形，然而所到之處鼓動萬物，天下無不為之所感化，如君子之德，風行草偃，此風氣之善者。風又象徵行銷手法的無孔不入，傳統行銷組合(Marketing Mix) 包括了產品、價格、通路、和推廣(Product, Price, Place, and Promotion) 這四個 Ps。《說卦傳》以做買賣要能獲三倍以上的利潤來解釋巽，企業若能推出適當的產品(Products) ，同時降低成本、提昇品質，並採取合理的價位(Pricing)，再以高明的行銷手法去推廣之，則必可使企業獲得應有的利潤，巽又有商人在旅行的意思，代表行銷人員要勤跑客戶，經常拜訪舊有的客戶，並開發新的客源和尋找新的銷售通路(place, 即 distribution channel) 。行銷的目的是在教育消費者或顧客，使其了解公司產品之價值，此教化推廣之功(promotion)，與巽卦之意正好相合。

6、坎卦：運輸和後勤作業(logistics)

坎為水，為舟車，有運輸貨物，使貨暢其流之象。在商業上這便是後勤補給的功能是相當複雜，繁瑣、而勞累的事。與供應商密切配合，整合物流之訊息，此乃供應鏈管理(Supply Chain Management) 。坎卦一陽居於上下二陰之中，有外柔內剛之象。代表與供應商的聯繫合作上，要剛柔並濟、軟硬兼施。要有互惠的精神，讓與我交往的供應商有利可圖，但要在品質和交貨的時效上嚴格地要求供應商。坎又有險、陷的含意，代表在後勤支援、供應鏈的整合上，需要環環相扣，若稍微有所閃失，則整個企業營運便會陷入危險的境地。我們在供應鏈管理上，應運用作業研究或運籌學(operations research) 的方法精打細算，以減少營運之風險、增加其效率。

7、艮卦：財務、財富、和資源

艮為山，又有多、厚、宮室、和碩果等意義。艮為財，「有貝之財指的是錢財，無貝之才指的是人才」，故艮可解為企業的各種資源。在財務管理上首重分散投資之風險，不要把雞蛋放在同一籃子裡，並以合理的資源來反應策略之重點(strategic focus)，重視財務管理不是當守財奴，而是善用資源才能以戰養戰，要用累積的資源去投資新的項目，以換取更多的資源。做生意時「創造財富」是經營的最高準則之一，而錢財又是創業之初和擴展企業時所不可或缺的，此艮卦「萬物之所成終而所成始也」之深義。理財一詞，始見於《易經•繫辭傳》「理財正辭，禁民為非曰義。」這是說政府在財政金融政策上要有一套正當的理論和說辭，禁止企業為富而不仁，運用其財富而為非作歹，這才是最合宜的理財之道。《尚書•洪範》中論述五福：「一曰壽，二曰富，三曰康寧，四曰修好德，五曰考終命。」五福中壽居首，接著就是富。在《大學》有好幾處重要的理財論述，例如：「君子先慎乎德，有德此有人，有人此有土，有土此有財，有財此有用。德者本也。財者末也。外本內末，爭民施奪。是故聚財，則民散；

財散，則民聚。」闡述德為財之本和藏富於民的道理。《大學》曰：「生財有大道：生之者眾，食之者寡，為之者疾，用之者舒，則財恆足矣。」強調開源節流的生財之道，重視「生產」，節約消費，資源的累積在於量入為出和積少成多。先哲有言：「《洪範》五福先言富，《大學》十章半理財。」表明了中國人對財富的重視。

8、坤卦：執行、實施和作業(包括生產和服務)

《繫辭傳》中「坤作成物」的「作」是功能、作用，有實施、實踐(implementation) 的意思。惟有實地去做才能成就事物。坤為地，有生養萬物之養，故可以代表企業作業管理的功能，作業則包括了製造產品或提供服務的過程。坤以性情而言，代表柔順，強調現代產品需要有彈性(flexibility)，能夠做到大量的客製化(mass customization)，能根據客戶之需求，迅速地改變產品的性能(features)。以服務業而言，尤其應效法坤的柔順之德，以客為尊，重視服務之細節，如此才能提高服務之水準、水平。

四、易經的基本概念

(一)元、亨、利、貞

《易經》六十四卦的卦辭，總離不開元、亨、利、貞四個字[17]。其為易卦之四德，六十四卦只有乾、坤、屯、隨、臨、無妄、革等七卦俱全此四德。《文言》曰：「元者，善之長也；亨者，嘉之會也；利者，義之和也；貞者，事之幹也。君子體仁足以長人，嘉會足以合禮，利物足以和義，貞固足以幹事，君子行此四德者，故曰：乾，元、亨、利、貞。」

元者，始也，有開創之意。《彖辭》有「乾元」「坤元」，說明乾坤的生生之德，為天下之大始，萬物生化之本。元字從二人，其義同於仁字，同事稱同仁，象徵生命的往來和諧，互動而身生氣。仁又有核仁之義，象徵生機，生命之源。「元者，善之長也。」元為一切善的發端，心性達於至善之境。因此，元是宇

[17] 資料參考引用自 鐘茂基所著 「易學初階」P129-151

宙的大能，天地萬化的泉源，人類本然的原始生命，事業發展的創始先機。

亨者，亨暢通達之義。是接於「元」之後的發展，為氣之至，盛且和的境界。亨亦有享之義，「亨者，嘉之會。」一切美好的時機、行為、事物都聚集在一起，即是生命之亨。鼎卦《彖》曰：「聖人亨以享上帝，而大亨以養聖賢。」亨才能享。「嘉會足以合禮」，亨又與禮相通，禮為人道之始，依於禮天下才有定序，陰陽得以和合，德乃見。故知仁之施必以禮，此乃元亨之真義。

利者，適宜和諧之義。一切事物皆適當，各得其宜，各安其分。《文言》曰：「乾始能以美利利天下，不言所利，大矣哉!」美必然能利，乾卦生發萬物為最美之德，必能大利於天下。「利者，義之和也」惟義之所在，無往而不利，和氣而無爭。孟子的「義利之辯」，無非要人生在世，頂天立地，致良知，富貴不能淫，威武不能屈，貧賤不能移之氣概。

貞者，端正而穩固之義。端正屬於內在的德性，穩固屬於外在的形勢。不論是物理或是人事現象，有了端正的德性，才能獲得穩固的形勢。「貞者，事之幹也。」木旁生者為支，正出者為幹，因此幹有取其根本之意。貞也可引伸為中正之意，所謂「貞固足以為幹」，有中正不拔，忠貞的堅忍毅力，才可以斡旋事物，達成目標。「貞」之當位與不當位，應對與進退，須因應「中」與「不中」，從而產生吉凶悔吝。又有「正」與「不正」，以斷是否能以美利天下，是否功德圓滿。如坤卦的「利牝馬之貞」，以坤順承於乾，守住柔順之德，才有「利貞」，因此易經有「利于不息之貞」、「利永貞」、「利君子貞」、「利武人之貞」、「利幽人之貞」等語。

元亨利貞四德，亦可應用於理氣象的一切變化作用上，以氣化論：元者，氣之始生；亨者，氣之發展；利者，氣之收斂；貞者，氣之終伏。以地道論：元者，春生；亨者，夏長；利者，秋收；貞者，冬藏。以四象論：元者，少陽；亨者，老陽；利者，少陰；貞者，老陰。以人道論：元者，開始；亨者，發展；利者，功效；貞者，成果。以道德論：仁者，仁也；亨者，禮也；利者，義也；貞者，信也。

元、亨、利、貞，可以是現象的四個循環，所謂的「貞下起元」，就是元亨利貞四步程序完成之後，又重新循序進行元亨利貞。也唯有如此「貞下起元」的生生之德，才能永遠的保持生機，萬化而不息。

(二)吉、凶、悔、吝

《易經》為一談變的哲學，就天道而言，宇宙萬物隨著陰陽二氣之消長，而有少陽、老陽、少陰、老陰的往復循環變化，此乃天道的自然周流。然而就人事而言，則如《繫辭》所言：「吉凶悔吝生乎動者也。」此動可泛指宇宙萬事萬物的變動，亦是指人的動作營為，或心念的作用，而產生吉凶悔吝的變化。

吉凶悔吝中，只有吉是屬於好的方面，而凶、悔、吝三種，凶固然是壞，而悔和吝也非屬好的現象，只不過在程度上略次於凶罷了。可見人生的過程，艱若的時候居多，快樂無憂的時候少，如俗話所說的「天下事不如意者，十常八九」。不僅人事現象如此，社會現象也是如此，由歷史的變遷得知，亂世的時間總是比較長，而太平盛世的時間則短。自然現象亦同，一朵玫瑰花，綻放盛開的時間甚短，而其由播種、發芽、含苞到開花的時間卻要很長久。花開是喜，花落是凶，花開前的萌芽、含苞，和花開後的恢復生機，便是悔和吝。此乃宇宙的法則，任何人都變更不了。《易經》上的吉凶悔吝是一個循環的排列，由吉而悔，由悔而凶，由凶而吝，由吝而又吉，有如四季的變換一般。

春雷乍響，驚醒了冬眠中的蟲獸，草木萌動，春雨綿綿，滋潤萬物，使一切生機活躍，欣欣向榮，這時是「吉」的現象。到了夏天，草木因枝葉過於繁茂，根荄之能消耗太過而不足，蟲魚鳥獸亦因過於活動而顯倦容，萬物之生機皆由於發洩太過而受損，這時的現象為「悔」，有如不知節制而傷害自身而生懊悔之意。

到了秋天，暑氣漸退，草木紛紛凋零，蟲魚鳥獸也意興闌珊，困頓不已，有的脫毛，有的脫殼，萬物日趨剝削萎蔽，這時的現象為「凶」。到了冬天，草木枝葉落盡，能量含蘊於根荄上，而不外發，蟲魚鳥獸，也各自冬眠蟄伏，不肯稍許地浪費生命力，吝於消耗任何能量，以待春天的來臨，這個時期就是「吝」。吝就是在外施展不開，而含養收歛於內。

由吉而悔的過程，是向外放縱，其勢為順行，由凶而至吝的過程，是向內收斂，其勢為逆行。無論是自然現象或社會現象，順勢而放縱總是比較容易。時間也較短，逆行而收斂總是比較難，時間也較長。如同花卉的培植須經相當長的時間，而花朵盛開的時間卻難持久。一陣風吹，即撒落滿地，事業的開創亦同，由小而大，由貧至富，須經過漫長的苦心經營，才能有所成就，但往往能毀於一旦。國家的興敗亦同。那麼該如何才能長治久安而不會變壞呢? 這就是要參照吉凶悔吝的往來關係，吉之所以變凶，是在於悔，凶之所以轉吉，是在於吝，吝之後是吉，悔之後是凶，若能做到無悔而吝，就是趨吉避凶之道。

通常所謂的「吝」，是指吝嗇之義，以錢財為對象，但《易經》裡頭的「吝」，除了指物質錢財外，主要是以言語、習性、心念為對象，對於自身的言行動念能多所吝惜。多加節制，多反省檢點，自然可獲吉而無凶。

(三)陰陽消息

宇宙萬象無論如何複雜，總結起來，不外乎兩股相對的力量，藉由相互不斷的作用，達成宇宙萬物生成變化不息的原動力。那麼，什麼是陰? 什麼是陽呢? 陽的性能是熱的、動的，其作用是向外的推力、發散力；陰的性能是冷的、靜的。其作用是向內的拉力、凝聚力。更廣泛的說：凡是向上的、向外的、雄性、剛強、積極、熱烈、光明、活躍、進取、伸張、形而上、精神層面、主動、外向、急躁、動態、正電、炎熱、前進、張開...等等皆屬陽。凡是向下的、向內的、內部的、雌性、柔弱、消極、冷漠、黑暗、呆板、保守、退縮、物質、表相、形而下、現象、被動、內向、沈穩、耐性、靜態、負電、寒冷、閉合、收藏...等皆屬陰。

陰陽雖相對立，但又互為根本，相反而相成。因為這種對立的現象並非絕對，而是由相對中比較而產生的，因為沒有天就無所謂地，沒有晝就無所謂的夜，沒有男就無謂的女，沒有美又如何能顯出醜...等。且陰陽互為根本，相互依存，不能分開，陰和陽之中的任何一方面，都不能脫離另一方面而單獨存在。宇宙間的萬事萬物只要有變化存在，陰陽就不能分開，一旦分開，一切變化即隨之停止，所謂的「孤陽不長，獨陰不生」即是此意。

因此，陰陽沒有好壞善惡的分別，例如一個人辛勤工作，耗費精神體力，這是陽的作用。當他累了就必須休息，這是陰的作用。工作時我們喜歡白天，這是陽。而休息時我們就而要夜晚，因為夜晚帶來寧靜、涼爽，讓感官機能放鬆休息，這是陰。有此向內收縮的休息，才能培養出向外發揮的精力，都無所謂的好與壞，都是大自然的作用，缺一不可。

人生的際遇亦同，有順有逆，有聚有離，有苦有樂。有的人一受到挫折，就煩躁不安，怨天尤人，自暴自棄，這就是不明陰陽消長的道理。天有晴天也有陰天，陰天過了，仍舊是晴天。反而在逆境中，更能看清自我，檢討收斂自己，充實自己，涵養生機，等到生機充足了，自然又是光明一片。

陰勝陽，而且能夠駕馭陽，陽能陽氣逐漸減弱，稱為「消」。陽勝陰，而且能夠駕馭陰，陰能陰氣逐漸減弱，稱之為「息」。宇宙萬象皆是藉由陰陽兩動作用的消息互變而生變化，猶如孩童，身軀雖未發育成熟，可是精力充沛，活動量大，精神狀態也特別佳，這就是陽勝陰，而表現出「息」的狀態。到了中年以後，軀體變得肥胖鬆弛，活動力也減弱，精神動態也較差，所呈現的狀況就是陰勝陽的「消」。

「物極必反」也是消息的作用，當一個現象到了極點，就會產生反面、反向的作用。如商場上的行情，當股票不斷上漲，漲到極點，資金能量已達飽和而呈不足時，那就要滑落下跌，跌到極點又將反彈而上漲，這就是消息的現象。又如花木，在春夏兩季長得非常茂盛，這個時段為「消」，但也因為發洩太過，致使內在的生機消耗殆盡，所以一到秋冬就會凋落，重新涵養內在生機，這種狀態為「息」，涵養既久，到了春天又再發，枝葉榮茂，這便是《易經》上所謂的陰陽消息往來。中國歷來對於一個現象的變化情態，統稱之為消息，因此現在的新聞界，也採用「消息」兩個字，因以表示新聞的性質。

(四)時與位

《易經》有兩項重要的因素，就是「時」與「位」。時指的是時間，位指的是空間或環境和立場地位。不論是從科學、哲學、物理、人事等現象，都離不開時與位的配合。一位了不起的人才，如果不逢其時，不得其位，也是發揮不了作用的。汽油在古代，其作用並不大，直到工業革命後，配合內燃機、汽車、飛機的發明，始展現其大用。所以一切現象的發展和作用，時與位是極其重要。時位洽當，就是得其時，得其位，一切都能產生好的效果。相反的，如果不得其時，不得其位，那麼凡事必定窒礙難行，不見成效。

宋宰相呂蒙正《破窯賦》謂：「蛟龍未遇，潛身於魚蝦之間，君子失時，拱手於小人之下。天不得時，日月無光。地不得時，草木不長。水不得時，風浪不平。人不得時，利運不通。」《孟子》亦云：「窮則獨善其身，達則兼善天下。」這都是指人在不得時位的情境和自處之道。

《易經》上的每一個卦，代表著宇宙乃至社會上的每一類現象，而任何現象的存在，都離不開時間和空間地位的因素。而卦是活用變化的，在這個時間，這個位置，這個卦是代表這一類現象。換一個時間，換一個位置，這一個卦又代表另一類的現象。所以時與位，在易卦的變化中，佔有其重要的份量。時與位，看似代表著兩種不同的因素，而實際上兩者是不可分的。談到時間，就必須有空間位置條件來配合，否則時間變得毫無意義，談到空間位置，也必須有時間因素配合，否則如何能產生作用。如乾卦的「天行健」，指時間亦兼有空間。坤卦《文言》所謂「承天而時行」，指空間亦順應於時間。因為一切事物的發展過程，無不由於時空交會，陰陽迭運而發生消長變化。

《繫辭傳》曰：「廣大配天地，變通配四時。」空間是無邊無際，不可限量，而時間亦是瞬息即過，永無窮盡。在此無常無盡無量的時空裡，如何求其有常有盡有量的法則，此即是《易經》的「中道」，例如時間雖無終始，可是事有終始，空間雖無定位，可是物有本末。事物既隨時空而有所變移，時空亦可因事物發展過程的現象中加以刻畫，使其有所定位，有所終始。《易經》稱之為「時中」。時中即位中，因時與位是互動不可分。

乾卦《彖傳》謂：「時乘六龍以御天。」六龍即言位，在不同的時位，發揮其各自不同的作用。艮卦《彖傳》謂：「時止則止，時行則行，動靜不失其時，其道光明。」也是時位並舉，而持守中道。古人以「執中用權」作比喻，權為錘，秤錘的位置隨所稱物之輕重而移動，無固定不變之位，所以掌握時位之中道是活的，不是死的。時可影響到位，位可影響到時，也就是時間可以變更空間，空間也可以變更時間。有謂時勢造英雄，同樣的，英雄也可以造時勢。

(五)理、數、象

《易經》的學問，包羅萬象，但內容不外乎理、數、象三大原理。

「理」代表著恆常的真理，不變的法則，《說卦傳》曰：「昔聖人之作易也，將以順性命之理。」此理乃形而上之常理，而常理多出乎自然。如孔子云：「四時行為，百物生焉，天何言哉！」乾卦《文言》謂：「同聲相應，同氣相求，水流濕，火就燥，雲從龍，風從虎。聖人作而萬物睹，本乎天者親上，本乎地者親下，則各從其類也。」此皆為自然界現象之常理，其中也包含了性理及天命之理，如儒家所謂不慮而知，不思而得的「自性良知」，佛家所謂不生不滅，長養萬物，運行日月，而強名的「道」。

「數」則代表宇宙萬象變化的實際應用與計量。如地球自轉一圈為一天，繞行太陽公轉一圈則需三百六十五又四分之一天。此數據亙古不易，謂之「理」。而變化過程計量謂之「數」，若不透過數來計量分析，則難以明瞭其變化的過程。易傳的《大衍之數》，邵康節的《皇極經世》，焦延壽的《易林》等，皆是《易經》「數」的實際應用。

「象」則是形而下的現象或物象。《繫辭傳》：「古者包犧之王天下也，仰則觀象於天，俯則觀法於地，觀鳥獸之文，與地之宜。近取諸身，遠取諸物，於是始作八卦。」又說：「在天成象，在地成形。」可知易卦出於象。象是變動不居的，但可由萬象的變動中觀其不變的常軌和常理。

理、數、象是三位一體的，象中有數，數中有理，藉由觀象而推數，進而由推數而明理。有些人以「理」去解釋《易經》，有些人以「象」去解釋《易經》，有些人以「數」去解釋《易經》。方法或許不同，但真理是不變的，太執著於義理或象數，都有損於對真理的探討。

《繫辭傳》曰：「夫易，廣矣！大矣！以言乎遠則不禦，以言乎邇則靜而正，以言乎天地之間則備矣。」易所包含的範圍，與天地同其大，易的精微綿密，與日月同其明。上至宇宙星球的變化，以及歷史的演進，下至人事現象，以及進德修業，無不完備，尤其重視大自然的現象。如六十四卦之大象，皆先說明自然現象，而後再說明人事。乾卦《大象辭》曰：「天行健，君子以自強不息。」坤卦《大象辭》曰：「地勢坤，君子以厚德載物。」人類是大自然的一部分，人離不開天地萬物而獨活，人所需要的陽光、水份、空氣、食物等。由天地、大自然所提供，因此大自然的一切變化規則，亦就是人生的道德和生命所應遵循的法則。

(六)卦的旁通正反互錯

我們日常生活中，經常會聽到「你怎麼又變卦了」。意思是「已經達成一致的約定了，某一方突然又改變了。」「變卦」是《易經》上的術語，現在已經活躍在人們日常生活的口語中，可見，《易經》對於人類生活的影響是多麼深遠和廣泛。

「變卦」這個詞，根源於易經。在易經中「變卦」是一個卦，這個「變卦」是針對原來「本卦」而言。易經六十四卦是由原來八卦兩兩相重而成，當其位置改變之後，卦就會產生變化，其變化可說是「錯綜複雜」。常見的「變卦」說明如下：

1、錯卦

「錯卦」，又名相對卦，也就是交錯相對待之義。將一卦六爻之「陰爻轉換成陽爻，陽爻轉換成陰爻」所成的卦，陰陽相對，又相求索，相互矛盾。陰能生陰，亦可克陰，陰能生陽，亦可消陽。由陰陽自相求索親和，而又自相矛盾衝突，相反而又相成。所謂相對者，一方為動，一方為靜；一方為剛性，一方為柔性；一方為強，一方為弱；因性質相異，故相需求而吸引，宇宙萬物，人間萬事，皆由相對而生，相對而變，相對而成。

錯，就是陰陽交錯，也就是把一個卦的各個爻求反(陽變成陰，陰變成陽)就得到了該卦的「錯卦」(如圖 2-8)。錯卦的理是立場相同，目標一致，可是看問題的角度不同，所見也就不同了。如：天風姤卦，它的第一爻是陰爻，其餘五爻都是陽爻，那麼在陰陽交錯之後，就變成了復卦，第一爻是陽爻，其餘五爻都是陰爻，如復卦的卦象，它的外卦是坤，坤為地，內卦是震，震為雷，就是地雷復卦，所以天風姤卦的錯卦，就是復卦。

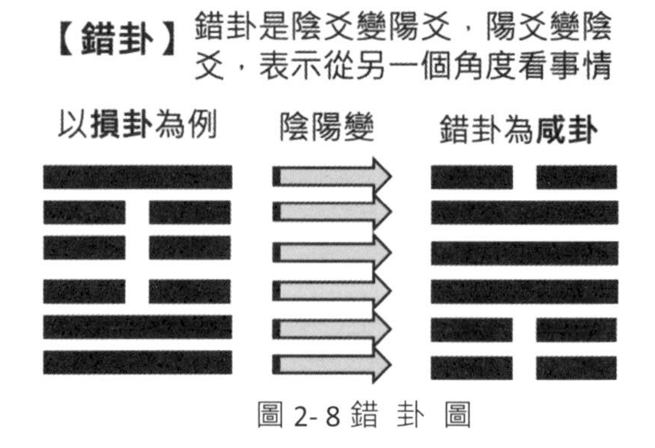

圖 2-8 錯 卦 圖

乾卦的錯卦就是坤卦，泰卦的錯卦就是否卦，革卦的錯卦就是蒙卦。六十四卦，每卦都有錯卦。因此讀了《易經》以後，以《易經》的道理去看人生，一舉一動，都有相對、正反、交錯，有得意就有失意，有人贊成就有人反對，人事物理都是這樣的，離不開這個宇宙大原則。

2、易位卦

易位卦又名「同體易位卦」，是將「一卦之內與外卦互易其位」所成的卦(如圖 2-9)。如頤卦的易位卦為小過卦，賁卦之易位卦為旅卦。

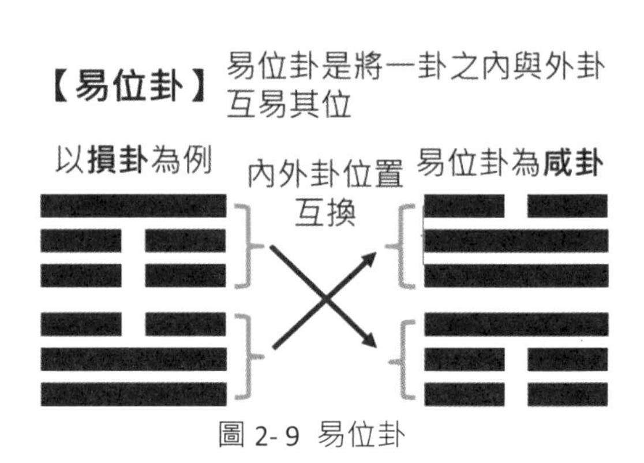

圖 2-9 易位卦

六十四卦中，除乾、坤、離、震、巽、艮、兌八純卦，相重之內外卦象皆相同，其餘五十六卦，皆有易位相交。自外卦入居內卦，謂之來；自內卦出居外卦，謂之往。以泰、否二卦為例，否卦反成泰卦，為小往大來，泰卦反成否卦，為大往小來。陽卦為大，陰卦為小。每卦內外易位，象雖不同，而性質則有關聯。因宇宙之事物，皆非單純而獨立存在的。必與他物相交而互存，陰陽相交而生變化之能量，陰陽五行相變而成元素，元素與元素相交而成物質，人類則由文化之交流，而使社會更加和諧進步。

3、綜卦

將一個卦顛倒過來看，其所成之卦即為此卦之綜卦(如圖 2-10)，又名反卦或覆卦。凡物皆有正反兩面，自其正面而觀為是，自其反面而觀為非，正面為順者，反面則為逆；以反面為順者，正面則為逆。故有利則有弊，利弊同一體也；有福則有禍，福禍也是同一體，我們常說福禍相依；有成則有敗，成敗同一體也；有盛則有衰，盛衰也是同一體也；有生則有死，生死同一體也。其統一之道，既非正消滅反，亦非反消滅正，乃在正反相合而達於中道。

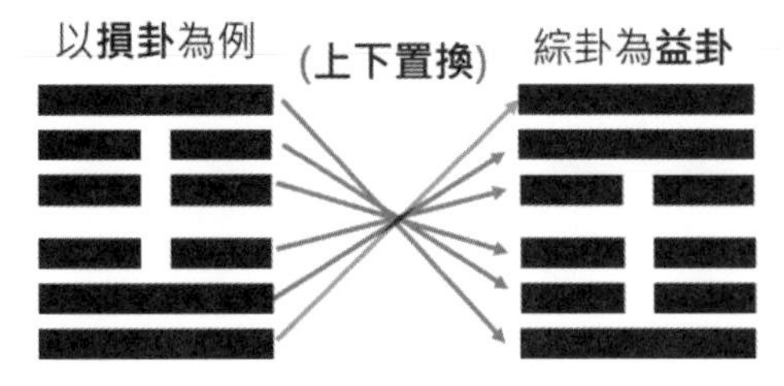

圖 2- 10 綜卦圖

綜卦的作用，在於將我心換你心，希望能設身處地地為相對人思考，不要凡事都只站在自己的立場上衡量。拿姤卦來說，如果把姤卦作 180 度倒轉，則成為澤天夬卦，這是姤卦的反卦，也即綜卦。綜卦是相對的，然而六十四卦中，乾、坤、坎、離、大過、中孚、小過八個卦，其正反均是同一卦，其餘五十六卦皆為綜卦。八個卦中的前四卦乾、坤、坎、離，是天地日月的宇宙現象，從任何角度看，天絕對是天，地絕對是地，太陽與月亮也仍是日月，後四卦，大過、小過、頤、中孚，是屬於人事的，但卻有其不變的性質，所以也沒有綜卦。

4、互卦

互卦是由中爻，即二爻、三爻、四爻、五爻，其中二爻、三爻、四爻所之單卦，是為下卦；三爻、四爻、五爻所成之單卦，是為上卦。此上卦與下卦所配成之卦，即稱為互卦。

例如損卦，其二、三、四爻所成之單卦為震卦，三、四、五爻所成之單卦為坤卦，則其互卦為復卦(如圖 2-11)。六十四卦中，除了乾、坤、頤、大過四卦無互卦外，其餘六十卦皆有互卦。互卦乃卦之內涵，凡一切物象事象，除表現在外者，其內涵必隱伏其他因素，其因素又為兩種不同性質之物所合成。此兩種不同事物，其中必有共同之點，而為互相結合之因。而三、四人位兩，居天地之際，為變通之幾微。

【互卦】互卦是將二三爻為下卦，三四五爻為上卦。表示未來可能的變化

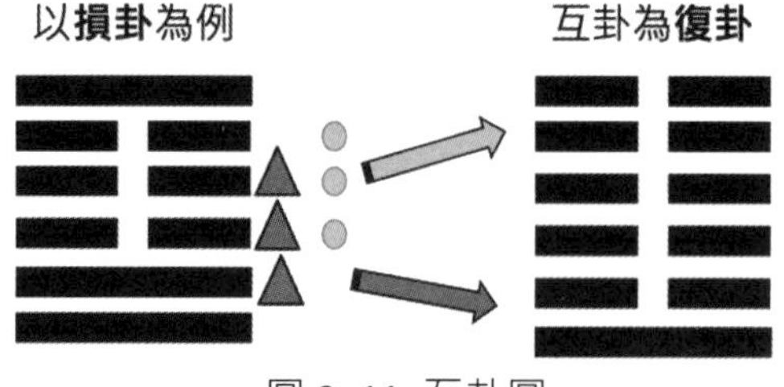

圖 2- 11 互卦圖

(七)應、比、乘、承

易卦的六爻中，因為各爻陰陽不同，所居位置的不同，彼此之間便發生了種種的關係，《易經》便以應、比、乘、承來說明，也由於爻與爻間的互動，而有了剛柔相推的變化，也成了爻位吉凶的主要根據。

1、應

在任何卦中，初爻必與四爻相對，二爻必與五爻相對，三爻必與上爻相對。在此三種相對之中，若一方為陰爻，另一方為陽時，謂之相應。否則陰爻與陰爻，或陽爻與陽爻相對待時，稱為不應。凡相應之相對各爻，主吉利，顯示上下交感，內外相通，天道、人道、地道互相感應。不相應之相各爻，就不相適合，故不吉利，或有損害。

如《泰卦•彖辭》:「泰，小往大來，吉亨，則是天地交而萬物通也，上下交而其志同也。」《咸卦•彖辭》:「咸，感也。柔上剛下，二氣感應以相與，天地感而萬物化生，聖人感人心而天下和平。觀其所感，而天地萬物之情可見矣。」泰卦的天地交，咸卦的男女交，六爻皆相應，吉無不利。

2、比

性質相同的兩爻，位置連在一起，相親附和，這一爻如果有什麼動態，那一爻也就連帶的發生變化。如初爻與二爻相比，二爻與三爻，三爻與四爻，四爻與五爻等。不過接近的兩爻，要是一陰一陽而各具作用，那就不能相比。兩爻相比，不是對待，而是連待，凡屬同類的現象，有一就有二，有二就有三，

通常會接二連三的出現，如坤卦的「履霜堅冰至」，天氣既然下了霜，接著就會出現堅冰的現象，霜和冰是有連帶關係的。

若相鄰兩爻為一陰一陽，則相比為「友」，此為吉；若相鄰兩爻同陰同陽，則相比為「敵」，此為凶。

3、乘

乘是駕御在上、居高臨下之意，是指在上位之爻對下一爻而言。如二乘初、三乘二、四乘三、五乘四、上乘五等。在《易經》中陽尊而陰卑。若陰爻在下，陽爻在上，則稱為陰承陽(一般不稱「陽乘陰」)，此為吉；若陽爻在下，陰爻在上，則稱為陰乘陽(一般不稱「陽承陰」)，此為凶。

4、承

是指在下位之爻對上一爻而言。如初承二、二承三、三承四、四承五、五承上等。乘與承二者，完全基於位置的上下關係，而特別重視順逆的形勢。在上的應該是陽爻，在下的應該是陰爻。如果陰在上而陽在下，那就失去了乘與承的正常秩序。猶如陽代表著君子，陰代表小人。君子在上位，小人在下位，則小人可安服而不亂，若小人在上位而得勢，君子在下位而無權，其結果必定腐敗墮落。

五、乾坤易之門

我們前面已經介紹了《易經》的創作演進、《易經》卦的結構與變化、《易經》的基本概念，對《易經》應該有了基本的了解，接下來就可以進入《易經》卦的世界，孔子曾說：「乾知大始，坤作成物」[18] ，天地是宇宙的基礎，而《易經》中的乾坤兩卦也是開天辟地的兩扇大門。我們一打開《易經》，就看到前面兩個卦，一個叫乾卦，六爻全部都是陽的；另一個叫坤卦，六爻全部都是陰的。像乾坤兩卦這樣，六個爻陰陽都完全相反的兩個卦，在《易經》裡面叫做錯卦，乾坤兩卦彼此互錯，是六個陽爻全部變成六個陰爻，這種現象只有一種。乾坤

[18] 資料參考引用自 曾仕強博士 所著「易經的智慧 2」

互錯，這種非常激烈的六爻全部發生變化的現象，在《易經》裡面是很少見的，這就告訴我們：人世間的事情「變」畢竟是少數，「不變」的還是多數，否則天天變，樣樣變，人人變，我們是吃不消的。另外還有一些卦是有的陽爻變陰爻，有的陰爻變陽爻，然後將兩個卦排在一起的時候，我們也可以看出它們是相錯的。

(一)盤古開天

根據傳說描述，在天地未分之前，宇宙是混沌一片，而就在這混沌之中，有一位巨人，名叫盤古。盤古在混沌中沉睡了十萬八千年，他醒了之後，看到四周一片漆黑，就拿起他的巨斧，朝眼前的黑暗猛劈了過去。就是這一斧下去，只聽「轟隆」一聲，混沌就開始分開了。清陽之氣慢慢升高，最後變成了天，濁陰之氣漸漸下沉，最後變成了地，就這樣，天與地分開了。因此乾坤是同時出現的，我們把這個叫做「開天闢地」，有了天就一定有地，有了地我們才看得到天。

「盤古開天闢地」的傳說是真是假不得而知，但是現代科學家認為宇宙本來是一團能量，天地不分，就是我們所講的混沌、無極，後來經過一場大爆炸，科學家給它一個專有名詞，英文叫「Big bang」，大爆炸之後，天地同時出現，萬物開始出現了。「開天闢地」有兩種力量，一種叫做創造，一種叫做演化，演化要根據創造做充分的配合，古聖人用乾卦來代表創造的那股力量，而用坤卦來代表幫助創造的力量落實、適應，並不斷的演化的那股力量，這就是我們常講的乾坤配，它可以應用到很多地方。

《易經》六十四卦可以概分為三類，一類就是純陽，就叫乾卦；一類是純陰，就叫坤卦；另外一類是有陰有陽，就是其他六十二卦，就數量來講，乾只有一卦，坤也只有一卦，有陰有陽的有六十二卦，但就質來講，這三類各佔三分之一，乾坤兩卦就佔了三分之二，乾坤兩卦為《易經》六十四卦的第一卦與第二卦，好像是易經的兩扇大門，當你同時打開這兩扇大門，裡面六十二卦全部呈現，清清楚楚，那就是宇宙萬象。《易經》六十四卦看起來複雜深奧，其實不難，乾坤門戶內的六十二卦，就是不同的乾坤配，也就是乾坤之間的六十二種變化和組合。所以要參透《易經》，首先要弄懂乾坤兩卦，對其他六十二卦的了解會很有幫助。

(二)易卦有三道

在「盤古開天闢地」的傳說中，天與地分開之後，巨人盤古處在天地之間，他雙手撐著天，兩腳踩著地，天與地的距離越來越遠，而盤古的身軀也就越來越高，總之，他一直都處在「頂天立地」的這麼一種狀態中。這與《易經》每個卦六爻當中，最上面兩個爻所處的位置，稱爲「天位」，最下面兩爻所處的位置，稱爲「地位」，而正中間的那兩爻所處的位置，則稱爲「人位」，所以很顯然，「人」是頂「天」立「地」的！這與「盤古開天闢地」的傳說，盤古「頂天立地」的傳說是不是有關，也不得而知，只是看起來非常巧合。

每個卦的最上面那兩爻我們把它叫做「天道」，中間那兩爻我們把它叫做「人道」，最下面那兩爻我們把它叫做「地道」。天道是講陰陽的，人道是講仁義的，地道是講剛柔的(參考圖 2-4)。地道的剛柔，「剛」是在第一爻，「柔」是在第二爻　，這是因為地表層是比較柔的，我們用鋤頭就可以挖動它，而越往下越硬，否則如果上面硬，下面越來越軟，那太危險了，蓋高樓一下就垮掉了，我們蓋高樓的時候，地基要打得很深才能夠牢固，所以地道的初爻是剛的，第二爻才是柔的。人道部分，人是先講義還是先講仁呢? 人要以義做基礎，講話合理，做事情合理，言行都合理就是合義，合乎義的要求，才能夠證明人的心是有仁慈的，有仁愛的。

天道是講陰陽，最上面那個爻是陰，而第五爻是陽的。我們一般只講陰陽，從來沒有人講陽陰，因為陰氣是往下走的，所以我們的冷氣機多半都裝在上面，這樣冷氣才會往下吹。而熱氣是往上揚的，像歐洲、美國等比較寒冷地區，冬天都需要靠暖氣才能過冬，他們的暖氣都裝在下面。陰氣往下，陽氣往上，陰陽才能交流。世間萬物皆為陰陽，這是萬事萬物的根本規律，對於我們人類來說，更應該懂得自身生存的陰陽之道，孔子說：「易為天地准，故能彌綸天地之道。」是說《易經》陰陽之道是天地之理，掌握了這個道理就掌握了天下的根本規律，值得我們為人處事參考。

(三)易卦的通例

《易經》每一卦有六個爻，就是在一個時段裡面，給它六個位階，表示不同階段的變化。六十四卦的卦爻有個通例，這個對每一卦都是通用的。

初爻跟上爻對起來，叫做有始有終，且「初難知，上易知」。第一爻它到底代表什麼，很難清楚，因為事情剛開始，誰也看不清楚將來會有什麼變化。可是上易知，因為發展到最後一個階段，種種形態都已經很顯著了。而且大家都看得很清楚，當然就很容易了解了。對於年輕的小孩子，我們不要一眼斷定他沒有用，因為他還有發展，而且往往小時了了，大未必佳，反而小時候沒有什麼的，後來越來越行，可見它是會變化的。

第二爻跟第五爻，也是相對的，「二多譽，五多功」。我們一般在開會時常講「這件事情是由於上級長官指示明確，領導有方，我們才能夠順利完成」。這就是我們很習慣於把所有的功勞都歸於上級長官，我們不會去跟長官搶功勞，因為搶也搶不過，一個人要搶長官的功勞，最後他一定倒霉，只有把功勞歸於長官，然後才會得到長官的贊美。一個老板會很放心地去贊美工地主任，或者是生產線的一些老領班，大概不會輕易去贊美一個經理、一個科長。但是我們現在的「是非」標準、「對錯」觀念已經錯亂了，把對的看成錯的。把錯的看成是對的，這是比較麻煩的。今天只要有人說「這件是承蒙上級長官的指示...。」大家就會說他拍馬屁，大家可以仔細想一下，沒有上級長官，我們有天大的本領也是無用武之地。我們要把功勞給長官，讓長官放心，知道我們「心中有他」，長官感受到部屬心中有他，就會放心的贊美下屬。如果下屬認為這是自己的能力，自己的本事，自己花了心思所做出的成果，那可能下次長官就不把機會給你，你就沒有機會表現了。這種案例在企業中應該是常見的。

三跟四爻是最麻煩的。「三多凶，四多懼」。三，它是不上不下的；四也是，四雖然已經到了上卦，但它跟下卦很接近。三更要小心，因為從下卦來講，三已經發展到下卦的最頂端了，要提防「物極必反」，防止很快產生大的變化。而四呢，是上卦的剛開始，此時根本不知道這個變能不能變的順利。

初難知，二多譽、三多凶、四多懼、五多功、上易知(如圖 2-12）。用這個通則去對照易經六十四卦的爻辭，八九不離十。但是要記住，一定有例外，如果沒有例外就不叫《易經》了，現在很多人喜歡說「就是這樣」、「一定是這樣」、「鐵口直斷」，基本上是違反了《易經》的精神。了解這些卦的的通則後，去讀《易經》應該就比較容易理解了。

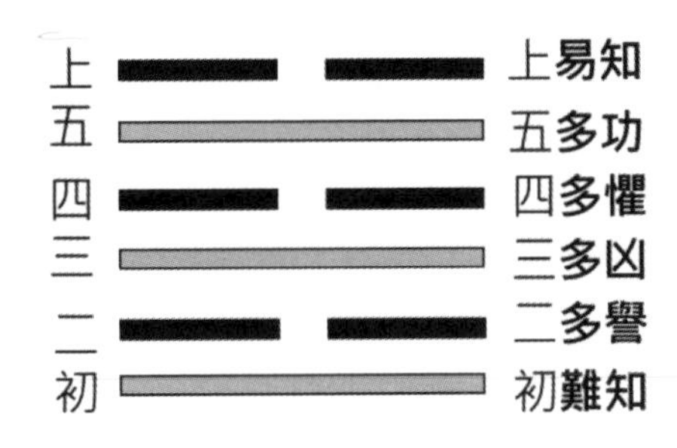

圖 2- 12 易卦的通例

第三章 易經管理芻議

易經可以用來管理嗎? 高懷民先生將易學的演變過程，劃分為四個時代。他認為伏羲氏畫八卦，屬於「天道思想」時代，用的是一套符號，稱為符號易；周文王演繹，屬于「神道思想」時代，用符號來記錄占筮的結果，稱為筮術易；《十翼》出現，建立哲理，屬於「人道思想」時代，成為易學主流，稱為儒門易、道家易；現在則進入「融合變化」時代，易訓詁學，易算命學，易天文學、易學理學、易醫學、易電腦學等相繼產生，易經管理學，當然也不能例外，足見易經是可以在管理上應用的[19]。

一、為什麼要學習易經管理

如果你仔細觀察、用心比對，就不難發現我們的所思所為，大多本自《易經》，依循易理[20]。自 1840 年的鴨片戰爭以來，中國人逐漸喪失了民族自信心。反傳統浪潮、西式的教科書、「現代化」的號召、「國際化」的借口，處心積慮地想把中國推向西方世界。似乎中國現代化便是西方化，而國際化即是全盤接受西方的文化。

有人感嘆:「世風日下，人心不古。」有人抱怨「好的不學，壞的全學會了。」也有人指責:「現在數典忘祖的人，越來越多，簡直忘記了自己的祖先是誰了。」

實際上，中國人一直沒有變，我們有一些基本觀念，始終留存在腦海深處，揮灑不掉。許多人遠離故國、居留異邦很多年，自認為已經很像外國人；但是一旦面臨切身利害關係時，便會赤裸裸的呈現中國人的原本面目，絲毫沒有兩樣。落葉歸根，最後總是回歸自己的源頭。不忘本，能夠飲水思源，仍然是我們最大的特質。

當然，以不變應萬變的本質是「變」。我們的民族性，論「穩定性」居世界

---

19 資料參考引用自 曾仕強 博士所著《洞察易經的奧秘》易經的管理智慧。P46

20 資料參考引用自 曾仕強 博士所著《洞察易經的奧秘》易經的管理智慧。VI-XIV

第一，論「變動性」也是舉世無雙，這種話聽起來相當矛盾，其實不然。

各民族都有其民族性，也都必然地隨著時空而所改變。世界上找不出哪一民族，其民族性是恆古不變的；不過變的是速度，有快也有慢；有大也有小。相對而言，中國人的「穩定」最強；一方面最最不容易變；一方面改變的幅度最小，而且改變的速度也最為緩慢。放眼看去，華僑遍布海外各地，不論其處境如何，都表現的很不容易被同化。世界各地區的「唐人街」或「中國城」都頗有特色，好像很難加以改變。

但是中國人的民族性，本來就是變動性很高、適應力很強的。以民族性而論，我們的「變動性」，可以說居世界之冠。不但喜歡變來變去，而且擅長隨機應變。我們自己心知肚明，不會因為外國人看不懂我們，便自以為不是這樣。請看旅居世界各地的華裔人士，隨遇而安，很容易適應當地的環境，這就證明中國人的「變動性」很高、適應力很強。我們口口聲聲討厭中國人，偏偏喜歡和「彼此討厭」的中國人打交道，不是聚居成為中國城，就是在緊要關頭，顯現中國人的性格。可見中國人的本色，其「穩定性」也十分突出。

我們的社會，一方面反傳統成為形式，一方面「傳統」成為失去意義的口頭禪。一般人喜歡將傳統與現代相對并舉，實際上卻很少有人能夠真正分辨兩者之間究竟有哪些差異。

有人說中國人比較開放，會直接把心里的話說出來。實際上，「口沒遮攔」的人，歷代都有很多。但寫歷史的人，已經把這麼做的嚴重後果描述出來了。現代中國人一方面「只會死背歷史，卻不懂得歷史。」一方面則尚未看到自己有話直說的惡劣結果，不假思索地認為有話直說是現代中國人的進步，以致「自己犯錯竟然茫然不覺」。

其實，我們自古以來就主張「有話直說」。只是我們知道「適時、適地、適人、適事」而「適當調節有話直說的程度」。因此提出「逢人只說三分話」的原則，經由「交淺不言深」的標準來考量，做到「事無不可對人言」的地步。

如果說「傳統」是「衡量彼此之間的關係和交情，審視事態的輕重、緩急、大小與切身利害性，考慮眼前的情境，從『逢人只說三分話』與『事無不可對人言』的上下限之間，尋找出有話直說的合理點。」(如圖 3-1) ，而「現代」不過是「不管三七二十一，反正有話直說」，那麼傳統與現代的區別，幾乎局限於「成熟」與「淺薄」，根本和進步與否無關，我們怎麼能夠盲目地反傳統、崇現代呢?

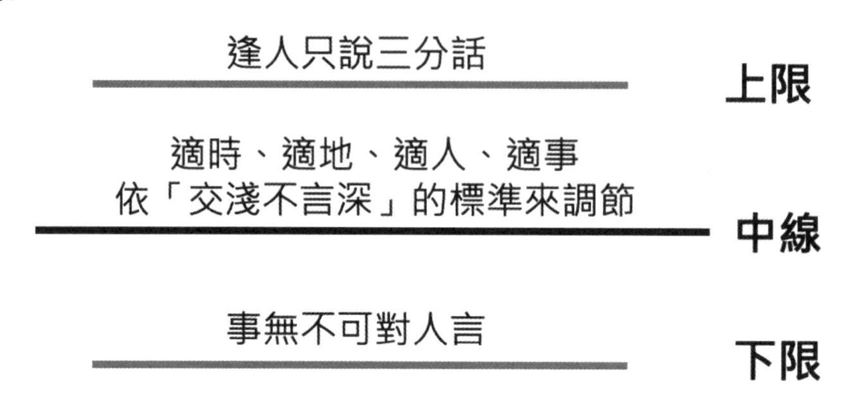

圖 3- 1 有話直說的管制界線

反過來說，「現代」的「有話直說」若是「也要適當地配合情境來掌握分寸」，請問與「傳統」有什麼不同? 難道「由不懂得傳統道理的人，將自己認為西方有的、我們沒有的翻譯過來，就成現代」嗎? 偏偏現代社會，充滿了「知東不知西」或「知西不知東」的人，又何以溝通東西兩方的文化呢?

全世界的人都希望有話直說。卻由於各地的風土人情有差異，因而產生不同的溝通方式，這是民族的區別使然。

中國人喜歡自由自在、不受約束，當然也樂於有話直說。但是太多「先說先死」的案例，使得我們深切體會「禍從口出」的道理；因而主張「慎言」，做到「應該有話直說的時候，當然要有話直說；不應該有話直說的候，當然不可以有話直說」的「中道」境界，形成中國人的溝通功夫。

天下的事情，哪里是「有話直說」一條道理可以行得通的? 現代中國人偏愛這種「偏道」式的主張，不過是不知不覺地「偏離中道」。我們應該關心他、教導他，讓他明白道理而返回中道，怎麼忍心看他拿「現代」做借口，繼續盲目地偏離下去呢?

「朝聞道，夕死可矣」，並不是「朝聞道，夕必然要死」，而是「就算生命非常短促，能夠把真正的道理弄明白、搞清楚，那也死而無憾了」，意思是「中道」很不容易，值得一輩子去追求。可惜現代中國人的目光淺短，不敢追求艱深的道理，寧可亂執一偏道、以偏概全，卻沾沾自喜，認為「已經找到了真理」。

同樣研究《易經》，許多人偏愛術數，導致迷信的氣氛十分濃厚，術數也是易學的主要功能之一，對此我們不反對，但它畢竟屬於「小用」的部分。義理的發揚，才是易學的「大用」。

古代民智未開，聖人不得不以神道設教，讓易學披上一層神秘的外衣。加以君子專制，臣子不敢據理直言，只好假借占卜來諫阻。術數的功能一直被重視，並非完全沒有道理。

如今科學昌明，如果事事依賴占卜、人人相信風水、時時不忘命相，請問人的尊嚴置於何地?

人的尊嚴，應該表現在「明智的抉擇」，也就是「我知道自己在做什麼」、「我知道應該怎麼做」、「我也明白如何做得一次比一次更合理」。「講究義理，按照推理來抉擇，真正地掌握自己的命運」，便成現代人必具的條件；而要達到這種地步，自非好好研究《易經》的道理不可。

孔子的學生子貢說：「文武之道，未墜於地，在人賢者識其大者，不賢者識其小者。」人有賢者，當然也有不賢者。賢者應該從《易經》的道理入手，好好研究《易經》的真義，不賢者不得已退而求其次，專門在算命、看相、占卜、看風水上下工夫。現代人如果醉心於聲光電化，潛心於科學技術，卻忽略了《易經》的智慧，不過是「識其小」者，未免對不起自己。若是進一步探究易理，使自己變成「識其大」者，豈非更上一層樓，也看得更為周全! (如圖 3-2)

圖 3- 2 不同人對易經的運用

心理學家榮格說：「如果人類社會有智慧可言，那麼中國的《易經》應該是唯一的智慧寶典。我們在科學方面所得定律，十有八九都是短命的，只有《易經》沿用數千年，迄今仍有價值。」

易理是智慧，科技不過是知識。有智慧的人，才能夠妥善運用知識；缺乏智慧的人，越有知識就覺得腦筋越亂，越不知道應該如何是好。我們常說「兩腳書櫥」，便是這種空有知識，卻無法運用的人。

「21 世紀是中國人的世紀」，稍微改變一下，變成「21 世紀是懂得易理的人揚眉吐氣的世紀」。因為 21 世紀的明顯趨勢，就是越變越快，而易理正是「掌握變化的道理」。

就管理而言，以往環境相當穩定，憑計量、資訊和科技就可以做出和適的決策。如今環境快速變遷，目標根本不明顯，資訊常感不充足，數據也相當不準確，單憑知識，不易明確地判斷、正確地抉擇。於是管理者的智慧就顯得比以前更為重要。智慧對於管理效果影響，愈來愈明顯而重大。

變遷環境中的管理，十分注重未來的變化，務求做出合理的因應。不明易理的管理者，為了預測未來的變化，很容易迷信算命、看相、看風水、占卜。近年來易學逐漸被重視，這一類的研究風氣，越來越盛，與此具有十分密切的關係。

在科學昌明的現代社會，算命、看相、看風水、占卜畢竟不方便用來當做決策的主要依據，因為有很多人不相信它；用這些方式做出的決策也缺乏對眾人的說服力。

換一個角度來看，拿易理來推斷未來，若是具有正確預測的可能，應該是令人振奮的大好訊息。易理怎樣能夠預測呢? 《說卦傳》說：「數往者順，知來者逆；是故易，逆數也。」從過去推知現在，叫做「順」，從現在推測未來，就叫做「逆」。《易經》是逆數，可見能夠推測未來的變化。用推理來預測未來的變化，表示依據道理來預測，大家比較容易接受。

面對不確定因素的管理者，由易理來掌握未來的變化，達成正確可行的決策，當然是最為有利的途徑。

世界上研究《易經》的國家越來越多，這也是「21 世紀是易經管理的世紀」

的另一種證明。管理者要想看清楚時代的潮流、摸清楚管理的趨勢，好好地研究一下易經管理，我想應該是當務之急。

易經管理，主要在知常知變，抓住變化中的常理。管理者研究易經管理，看出變中之常，才能夠以不變應萬變，而立於不敗之地。身處 21 世紀，大家共同研討易理，發揚易經管理，應該是順應時代潮流的明智之舉。

二、如何學習易經管理

易經管理的時代已經來臨，我們把「易理」應用在管理上，正是時候。要怎麼學習易經管理，才能真正把易經的道理，正確地運用在管理上面呢? 這裡有幾點建議(如圖 3-3)，提供參考[21]。

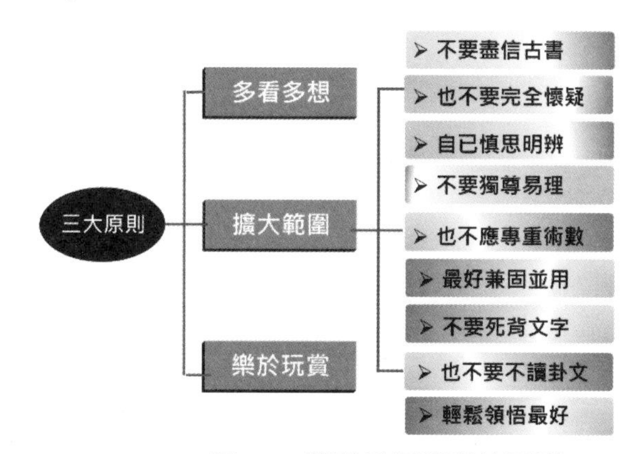

圖 3- 3 學習易經管理的原則

第一、不要盡信古書，也不要完全懷疑

德國思想家歌德說過：「大凡優秀的作品，不論如何加以探測，總是探不到底的。」《易經》這一本書，自從誕生以來，由於內容博大精深，歷代各種層次的探究，可以說十分熱烈，然而各有見地，迄今仍然未有定論。做學問的人，無非「自圓其說」。每個人所提出來的一套理論，無不言之成理。

管理是一種實務。是要在實際情況下能夠應用的。不能僅憑空談，我們拿「合用」做標準，凡合乎理致的「自然」，而不悖物情事理的「理所當然」，雖

[21]、資料參考引用自：曾仕強 博士所著《洞察易經的奧秘》易經的管理智慧。PVI-XIV

然不是古人所傳，或者和古義不合，我們還是可以採用，相反的，就算確實為古人所傳，或者合乎古人的說法，卻不合現代所用的，也應該予以摒棄。

研究易學的門派有很多，我們不必加入他們之間的爭辯。尊重各人的研究成果，合用就好。

譬如《易》在西周初年，原本有《連山易》、《歸藏易》、《周易》三種。東周以後，前兩種失傳了，只剩下《周易》。這種說法，我們大可姑妄聽之，也姑且信之，實在不必過分認真。又如古書並沒有設標點符號，容易產生誤解，後人所加標點，很可能有不同的看法，我們不妨多方參考。

第二、不要專重義理而看輕術數，也不專門研究術數而輕易放棄易理

綜觀易學的發展，最主要的不同，不外乎「象數」和「易理」的偏執。這兩大派，各有立場，也各有所偏重。其實，易經具有象、數、理、占四大功能，都有其必要性與重要性。我們不必偏重任何一種，更不能忽視彼此之間的連貫性。

雖然說易理才是我們研究的重點。一切依易理而行才是真正的易經管理；但是「理不易明」，易理的探求和解說，原本十分困難，有誰敢說自己確實明白易理?

如果能有把握樣樣依照道理，當然最好。可惜沒人有這樣的信心。因此，借著術數的推演，彼此互相參悟，只要不迷信，並沒有什麼害處；何況道理是變動的，這更印證了「條條大路都能走得通」。即然「運用之妙，存乎一心」，為什麼不能夠兼重義理、術數，互為發明呢?

當然義理的探究，應該重於術數。因為明理之後，自然能夠達到「不占而已矣」的地步。

然而，不占不占，有時候還是免不了要占。因為管理者所面對的情況，經常是信息不足，而數據也不夠充分。請問在這種情況之下，要不要做決策呢? 答案當然是要。再問如何做決策呢? 是不是占卜也有一定的功能，至少可以幫助我們在這種情況不明的狀態下做決策? 何況易經哲學，從歷史淵源來考察，最早都有明顯的卜筮作用，不宜完全忽略。

第三、不要死背文字，也不要不讀卦文

古時候字彙很少，而且竹刻字和保管也都十分困難，用字必須盡量精簡。《易經》的文字，和現代通用的文字相去很遠，以致很不容易了解。當時並沒有黃金、所說的金，實際上是銅，有些地方語句含混，例如「八月有凶」到底是八個月還是八月份。並不容易分辨。

孔子要我們抱著「樂而玩之」的態度來學習《易經》，因為死背文字，不但辛苦乏味，而且多半不知應用。而不讀卦文，也不能理解六十四卦的真義。

我們可以每天試著占一卦，然後把這一卦從頭看到尾，思索它的含義、玩賞它的用意。這樣做，既充滿興趣，又能夠增進自己的認識，日積月累，成績必定可觀。

也可以拿六十四顆玻璃彈珠，每個彈珠上面用膠紙貼上一卦。每天順手抓出一個彈珠，看看上面膠貼的是那一卦，然後查明它的卦辭，省思它的爻辭，再用來對應實際的事物。久而久之，自然貫通易理。

總之，不要心急，不可以稍有心得，便認為自己懂得易理。抱著「看一看、讀一讀、想一想，做一做」的心態，以漸近的方式，偶有所得，便拿來應用；行得通，更能領悟其中的道理。知行合一，即知即行，應該是研究易經管理的最佳原則，如圖 3-4。

圖 3- 4 研究易經管理的最佳原則

隨著考古學的不斷發展，我們透過大量的出土文物，可以看出夏商周三代以前，人們便十分注重實際的行動。這種重行的思想，到大禹治水時，已經達

到最高峰；整整八年，他三次經過自己的家門，都沒有入內探望。我們研究易經哲學，基本上也是希望對實際的行動，具有幫助。

詳讀六十四卦，不難發現易經本身，就十分重視力行。從乾開始：「君子終日乾乾，夕惕若厲，無咎。」告訴我們應該效法天的剛健精神，發憤自強，小心謹慎，才能夠處於險境而不生危害。到第六十四卦未濟，也告訴我們事業尚未完成的時候，應該堅持中正、審慎進取、盡力而為，逐步促使一切恢復正常，而達於完成的地步。

三、善用易經的象、數、理、占

學習《易經》應該要從掌握卦的象、數、理、占這三個方的基本知識著手，其實《易經》中的象、數、理，一直存在於我們的生活之中，只是我們日用而不知。

(一)象、數、理、占的關係

一般人會認為《易經》是從象開始的[22]，這種說法不是很準確，其實，一切都是從數開始的。心中沒有數，如何去畫那個象呢? 只不過我們第一眼看到的是已經畫出來的象，而沒有去深入瞭解到每個象的背後，一定早有一個數的存在。

常言道：「一切自有定數」。這句話其實並不迷信，它告訴我們，所有的事情都有一定的規律，宇宙萬象都是有定數的，例如，內行的人看到一棵樹，就大概知道它能不能繼續存活、能活多久、將來會長成什麼形狀、做什麼用途。又例如俗話說：「三歲看大，六歲看老」，意即觀察一個小孩三歲時的表現，就能大概知道他長大以後是什麼樣子；觀察他六歲時的表現，就差不多能看透這個孩子的一生。有人可能自認沒有識人之明，也無法看到如此久遠的未來，然而，那只是你個人修為不夠高而已，社會上有這種修為的人很多，自古至今，凡成大事者，在識人方面都有過人的本領。

---

[22] 資料參考引用自 曾仕強 博士，《易經的奧秘》，「卦的象、數、理」

子曰：「雖百世，可知也。」意思是：即使是一百世以後的事情，我都可以清楚知道。孔子的「知」並非神通，而是推論，推知、推理的結果。《易經》中的理，隱藏在象與數的後面，讓人更加難看清楚。理是象與數合起來所得到的一個規律，數與象都離不開理。我們常說「依理而行」，一個人只要按照道理去做事，基本上就不會出什麼大差錯。

提到象，你想到現象，還是真相? 要知道，現象並一定代表真相，因為現象是有虛有實的，有真相，還有假象。而《易經》中所指的象，是虛實合一的。因為整個宇宙有實的，就一定有虛的；有看得見的部分，就一定有看不見的部分，這便是有陰有陽，陰陽同時存在，任何人都無法清楚地區分。

一個會看相的人，根本不會去看人的表面。當有個人說：「替我看個相吧！」其實，這時已經不必看了，因為他在說這句話的同時，全身上下都已經做好了被看的準備。已經全都是假象了。看相，要在被看者不經意的時候去看，才能看出真相，這才是看相的方法。這與綜合判斷一個人的表現是一樣的道理，並不是迷信。其實，很多事情是我們自己認識不清，反而說它是迷信。因此，從現在開始，我們要把《易經》的象、數、理徹底釐清，如此才能確實知道自己的判斷是不是合理。

《易經》具有四大功能[23]，分成二大部分，一個是前面提到的「象」、「數」、「理」，另一個是「占」，就是占卜。從管理的角度來看，「象」是指「各種相關的變項」，也就是「可資分析的現象」。「數」即「有關的數據」。有象有數的，必須經由象數來推理，構成「象、數、理的連鎖作用」，從中找出可行的合理途徑，然後據以實施。若是捨棄象數，專就占卜，那就過分迷信了。

看卦先看象，卦有卦象，爻也有爻象，有對立，也有統一。象就是現象。管理除了重視數據之外，還應該仔細觀察、分析各種有關的現象，才能夠了解數據所代表的真正意義，從現象的變化當中歸納出隱於其中的道理，「理」不易明，所以確實能夠闡明義理的易學家並不多見。魏末王弼獨標義理，把東漢末

[23] 資料參考引用自 曾仕強 博士所著《洞察易經的奧秘》易經的管理智慧，p39 - 53。

期的術數，一掃而光。易道除追求真理外，最特殊的就是建立倫理。三綱五常、四維八德，均屬倫理觀念，周易卦爻辭中，講常理的地方很多，不勝枚舉。

管理說起來就是「管得合理」，也就是「依易理而行」，才會順利得到「吉」，太極表現於象形的叫易象，可證於數字的叫易數，而探索其理則的，就成易理。管理的過程，不外乎分析現象(象)、測量數據(數)，找出何以如此與如何改善的道理(理)。應用《易經》的象、數、理，可以解決管理的各種問題。

對於訊息充足的，數據正確的項目，管理者應該觀象明理、窮理推數，運用象、數、理的連鎖作用來加以處置。

有象可觀，有數可據時，依理做出決策。然而，無象也無數時，如何決策?這時候就要用占卜。占卜到底是不是迷信，建議不用「是」或「不是」來回答這個問題，正確的占卜，不是迷信，不按牌理出牌的占卜，當然是迷信。管理者對於訊息不足，數據不明，自己無定見，有看法卻老是猶疑不定的時候，如果以誠懇的態度、依照正式的方法就單一事項進行占卜，而又知道怎麼解卦，那麼占卜對於決策自然產生很大的助益。

《系辭上傳》說：「易學有辭、變、象、占四道。」以言者尚其辭，依其卦爻所系文辭來闡明吉凶的理則，便是「理」。以動者尚其變，觀察奇偶陰陽的數量變化，以決定進退行止，即為「數」。一卦一爻，各有所取象，以制器者尚其象，仿效卦爻的形象來制作器物以為用，稱為「象」。至於以卜筮者尚其占，乃是運用占卜來問事決疑，就是「占」。這「數」、「象」、「理」、「占」四大功能，若是妥善應用在管理上，那真是懂得變化之道的經營之神了。而「數」、「象」、「理」、「占」，則是易經在管理上的四大作用。

(二)象數理的連鎖作用

象、數、理的連鎖作用，正是管理合理化的決策過程。按照「道理」去做，叫做「管理合理化」。怎樣才合理? 唯有透過數據和現象來判斷，才能預見未來的先機，進而合理運作，求得最大的利益。這種預見，即為對於未來的預見，並無神通可言。

《系辭上傳》記載：「聖人依據易理，可以融通天下的意志，奠定天下的事業，決斷天下的疑慮。」聖人怎麼會有這麼大的本領呢？說起來只有一條法則，那就是「依理行事」。凡事合理解決，即是今日的「管理合理化」。合理化的途徑有二。一是有象有數的，由象數來推理；二是無象無數的，經由占卜來尋找可循的道理。

管理之道，貴在掌握管理的基本法則。透過數象的判斷，由細微的動靜，預見未來的先機，並進而合理運作，以求最大利益。趨吉避凶，乃是管理者最關心的課題。今天所謂「危機管理」，其中講到管理者必具憂患意識。其實《系辭下傳》早就說過：「作易者，其有憂患乎？」周文王被囚羑里，拿憂民患世的心情來推究易理。管理者依易理而行，自然可以趨吉避凶，達成危機管理的使命。

象、數、理的連鎖作用，正是管理合理化的有效途徑。「按照道理去做」似乎是理學家偏重易理的作風。管理如果不重象數，就不夠科學化。易經管理揭示宇宙存在原理的奧秘，把它歸納為陰(物質)、陽(精神)、時(時間)、位(空間)四大要素(如圖 3-5)，而以象數理來說明。管理者解決問題的程序，通常依下列所述來進行。

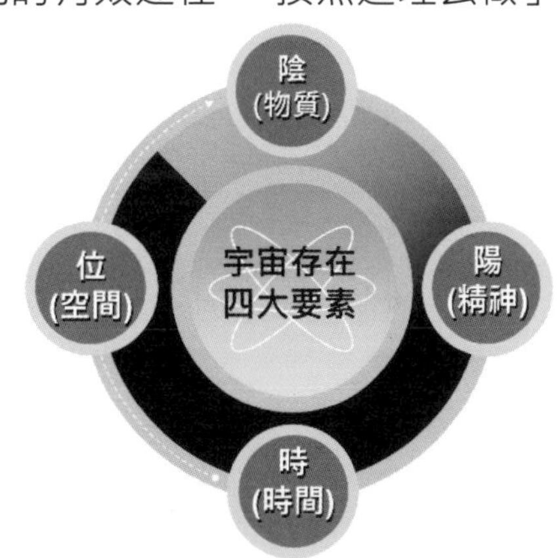

圖 3-5 宇宙存在四大要素

1、確立改變目標：例如決定把甲變成乙。

2、減少目標差異：找出並減少或消除甲、乙之間的差異。

3、採取行動目標：選擇有效行動，把甲變成乙。

在確立改變目標方面，又包含四個程序：

1、 發現改變的必要：依改善意識，不好的要變成好的，好還要變成更好。不斷求取進步，才是改善意識。

2、 尋找可能的措施：發掘、構想並且分析各種可能改變的方法。

3、 選擇合理的方案：在各種可能的措施當中，選擇一種合理的措施。

4、 評估改變的結果：適時評估執行方案的有效條件，並以此作為下一次改變的參考。

從任何一個程序來看，都不外乎象數理的連鎖作用：觀察有關現象，尋找相關數據，研究改變的道理。程序雖然正確，結果也可能不盡合理，甚至根本找不出理在哪里。管理者最好先找出數據，然后分析現象，再進而推出必然的道理，因為先有心生的數，後有可見的象，一旦現象很明顯，觀察其情況，比較容易推斷其後果。下面我們來看一個案例：

有一位餐廳老板，十分高興地向王顧問報告近況：營業額大幅度的增加，業績提升，可以從收支金額的數據上顯示出來。盈餘增加，顯示生意興隆，老板當然喜形於色。

王顧問不慌不忙，先問「營業時間有沒有延長」就「時」的因素來進行探索。老板回答：「沒有」。接著詢問「營業場所有沒有擴展」，就「位」的因素加以研究。老板同樣據實以告「沒有」。

「時」、「位」沒有變化，王顧問自己尋思：「營業時間沒有延長，營業場所並未擴展，怎麼可能增加業績呢？於是將意念轉到「陰陽」的變化上面，他說：「這樣看來，服務態度一定有所改變，能不能讓我親自去觀察一番，看看現場的情況再來判斷？」他打算觀察可見的象，來尋找營業額增加的原因。

老板非常歡迎，邀約王顧問前往觀看。王顧問經由實際的現象，居然鐵口直斷：「六個月以后，準備歇業！」

猛然看起來，王顧問可能精于風水、善於看氣，要不然就是暗地裡卜卦，否則怎會口出此言？

其實王顧問完全是由象(現場的情況)、數(增高的營業額)進行推演，才有把握地言之成理。

他說：「近來營業額的增加，居於兩種因素：一是服務態度改善，使顧客覺得十分親切；一是設法催趕顧客，提高餐桌的周轉率，使有限時間及場所獲得更多的利用。這兩種改變，在短期內能很奏效，所以業績提升。

「但是，附近的餐廳，同樣在改善服務態度，而過分積極地催趕顧客，却會造成顧客心理上的不滿。幾個月后，結果就是：舊有客人大量流失，新的顧客接不上來，所以只好歇業。」

心生數，老板對業績增加一方面感到很高興，另一方面便提出來懷疑，目的在「求放心」。幸虧他意念動快，能產生「業績是怎樣成長」的疑惑，並透過咨詢尋求解決措施；發現症結所在後，如果及時加以調整，很可能就會避免歇業的惡運。若老板一見業績提升便沾沾自喜，歸功於自己領導有方或者策略成功；那麼，六個月後頹勢難免、措手不及，恐怕只好歸罪於風水不佳或氣數已盡了。

對於「數」，管理者必須提高警覺：一方面「數字固然不會騙人，但是人會捏造、篡改數據來欺騙」，一方面則「數字有陰有陽，同一數而象未必相同，必須詳為分辨」。

財務分析作為企業管理的依據，以會計資料和財務報表為基礎，來分析企業的財務和經營狀況，便是數的應用。如果以電腦為工具，經由各種電腦軟體，演算基本資料，做出各種分析報表，自然能給管理者提供資訊以做出合理的決策。

然而，會計制度再健全，記錄資料再完備，如果不能輔以管理者的人腦，也不一定能夠達成合理的抉擇。決策是電腦和人腦兩者配合結果。電腦可以輸入資料、分析數據、提出各種可行的方案，至於如何在多種可代替的方案當中尋找出合理的定案，那就需要管理者發揮人腦的功能了。

人腦的功能，在「見數知象」，而不是一味地「得意忘象」。數是自然存在的。彼此若是言語不通，互相用手指表達數目，似乎也很容易溝通。如果表達其他的意思，就會困難得多。可見“數”比“語言文字”更為原始，更容易被覺察、被認定。「見數知象」，易卦就是依自然數次序，用陰(--)和陽(━)兩種符號，在上、中、下不同位置，來表示八種不同的組合。一方面呈現八個數，一方面也表現八種象。當管理者確定要改變目標時，對於甲和乙的「認知」，便是「知象」的運作。所謂認知，指對問題所做的必要了解。同一個數，有不同的象；同一種象，也可能產生不同認知。

服務人員異口同聲，向顧客大喊「歡迎光臨」，這是一種現象，到底有效與否，則有不同的認知。對陌生的客人而言，歡迎光臨的親切口語，給人以溫暖的感覺，產生賓至如歸的好感，然而對熟悉的顧客來說，無論怎樣，不如直呼其名或尊稱其姓更能拉近彼此的距離。多次光顧，仍然換來一般性的歡迎詞，實在不能令顧客滿意。

為什麼同樣的象，會產不同的認知呢? 因為每個人所領悟的理並不一樣。我們常說「無規矩不足以成方圓」，方圓是理，規矩則是數象。沒有數象，怎麼能夠找出易理? 有了規矩，並不一定保證能成方圓，關鍵在每個人使用規矩的方法未盡相同。就算有了數象，並不一定必然能悟出真理，就是這種原因。

「觀象明理」，才是管理者必須把握的重點。依理行事，按照道理來管理，自然合理而有效。萬事萬物都有條理，但是也最難分辨，最不容易分解。一般人喜歡說「很難講」，便是基於「理不易明」的事實。站在「很難講」立場來講，才不會亂講。理有真理、公理、倫理、如圖 3-6。就管理的領域而言，公理和倫理好象比真理更重要。

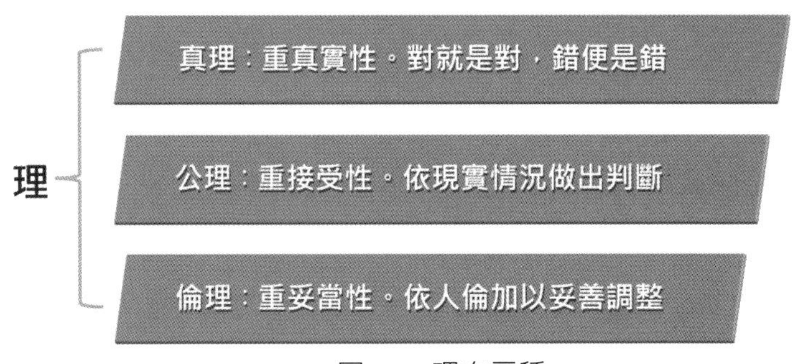

圖 3- 6 理有三種

自然科學追求真理，對就是對、錯即是錯，一切以「真實性」為依歸。自然科學者，除了求真以外，似乎別無他求。真實的發現，成為自然科學共同的目標。管理除求「真實性」外，當須兼顧「妥當性」。真實而不妥當，有時會帶來很多困擾。

主管級別越高，越覺得有些事「只能做，不能說」。為什麼不能說呢？因為不妥當，為什麼只能做呢？由於它具有真實性，當然可以付諸實施。有些人明明出國訪問，卻說是度假，便是兼顧真實性與妥當性的一種權宜措施，當然不屬於欺騙的行為。

若干管理者出身於自然科學的領域，一心求真實，卻忽略了妥當性，常常覺得「每說一句實在話，就會惹起很大的風波」，因而責怪人心不古、世風日下，其實是自己不了解真理與公理的差異，才會產生這樣的錯覺。公理才是管理者應該重視的，所謂行有行規，應該是屬於公理的範圍。

管理者所秉持的基本法則，未必是真理，卻實實在在是時下比較合乎實際的公理。基本法則離開數象的判斷，就會脫離現實。因為每一現場的數據和現象都不相同，必須依現實情況而進行判斷。理不易明，真理很不容易尋找，公道自在人心，暫時依循大家所能接受的公理。而中華文化最能發揚易道的，則是倫理。

建立企業倫理、追求行業公理、盡力邁向真理，乃是象、數、理連鎖作用的具體表現。變中有常，在求新求變中，不忘倫理、公理和真理，是現代企業管理必須重視的精神。

四、活用易經六十四卦

就管理而言，個案研究是相當有效的學習方法，《易經》六十四卦，是最好的典型個案。管理者如果勤於研討，分別將六十四卦所代表的各種情況，當作個案來分析和體會，不論遭遇任何情況，或許可以依據卦爻辭的啟示觸類旁通，找到合理指引，以下就用三個卦例來說明易經卦在管理上的啟示。

(一)家人卦--是管理的根本依據

家人卦[24]，風上火下，合為風火家人，如圖 3-7。它原本在說明「齊家」的道理，後來被延伸為管理的根本道理。我們一直很喜歡「以廠為家」，視公司為家庭，看來管理和家人卦有分不開的關係。火在內，內火旺就鼓動空氣的流動而生風。風在外，外風大則吹得火更加旺熾，風吹火，火生風，相生相成，愈互動愈熱烈，這種風與火的互動力量，可以排除萬難，象徵家人同心協力，能夠成功偉大事業。《雜卦傳》說：「家人，內也。」風出自火，家人卦為人心向內的象徵，有由內及外的意思。「家人」象說：「風自火出，家人。君子以言有物，而行有恒。」風自火出，含有火由風熾的意義，風火是互相依存的關係；組織成員，既然有如一家人，自然應該人心向內，存有高度的向心力。能不能如此，要看治家的人，是否言必有物而不虛妄、行必有恒而不反復。

卦辭：家人，利女貞

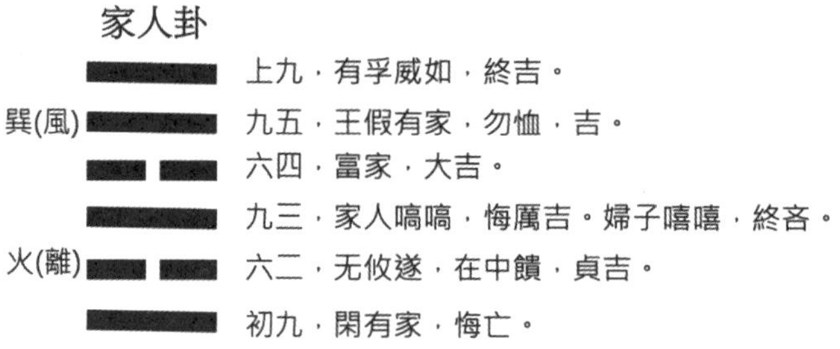

家人卦

	▅▅▅▅▅	上九，有孚威如，終吉。
巽(風)	▅▅▅▅▅	九五，王假有家，勿恤，吉。
	▅▅ ▅▅	六四，富家，大吉。
	▅▅▅▅▅	九三，家人嗃嗃，悔厲吉。婦子嘻嘻，終吝。
火(離)	▅▅ ▅▅	六二，无攸遂，在中饋，貞吉。
	▅▅▅▅▅	初九，閑有家，悔亡。

圖 3- 7 風火家人卦卦、爻辭

孔子說：「其身正，不令而行；其身不正，雖令不從。」領導者本身言不虛妄而行無反復，一舉一動都顯得正當，就是不下命令也行得通；反過來，領導者本身言行不正當，就是下命令也沒有作用。孔子同樣用「風」做比喻說：「君子之德，風；小人之德，草；草上之風，必偃！」領導者體會「風」的力量，可以使部屬產生如「草」一般的反應。因為草如果被風吹，一定會順風而倒。家人卦指出領導的力量，其實來自潛移默化，以求齊歸於正。由此可見，織組成員的向心力，是管理成敗的主要關健，大家同心協力，組織力自然強大。這時

---

[24] 資料參考引用自 曾仕強 博士所著《易經管理的奧秘》易經的管理智慧，p8 - 11

候組織成員有如一家人那樣，血濃於水的感情，使大家目標一致，互相包容，彼此協調，因而團結無比，發揮家和萬事興的力量，這才是真正的領導有方。

「巽」原本為外卦的「風」，用意在「家人」所產生的組織力量，要像風一樣向外發展得順利無阻。「離」原本為內卦的「火」，表示外「巽」的風，必須依賴內「離」的火。由內部明正發展為外部的強大競爭力，正是管理由內自外的過程。家人卦六爻，各有其主旨，如圖 3-8。

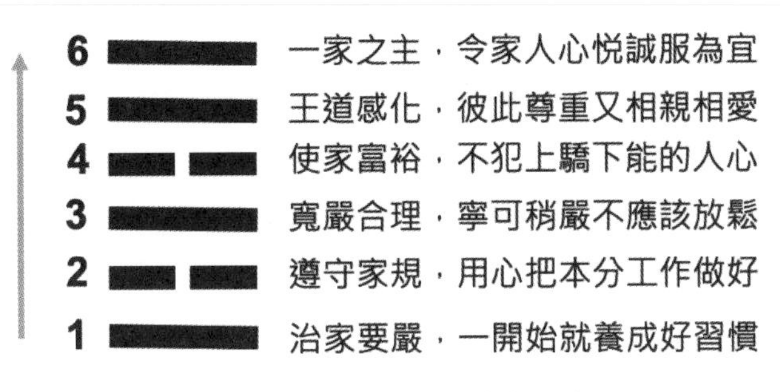

圖 3- 8 家人卦六爻主

例如第一爻辭說：「閑有家，悔亡」閑的意思是「防範」，「有」字當「於」解釋。「閑有家」便是「防範於家」。管理的要領在「慎始」，防範組織成員養成不良的習慣，才不致發生不祥的事情；所以說「悔亡」，不致引起後悔的意思。風火家人卦對於管理的啟示，說明如下：

1、 管理的順序，依家人卦「離火在內，巽風在外」的形象應是「風由火而旺盛」，最切近的莫過於家人。所以「齊家、立業、治國、平天下」，有一星一點的火，逐漸延燒：先把家齊好，再來管理公司、治理政事，總是比較根本的做法，大家也比較容易心悅誠服。有些人全心做事業，弄得家庭不美滿，說起犧牲太多，年老時更覺得遺憾。

2、 家和萬事成，但是「和」必須「合理」，才不致變成令人厭惡而又害怕的「和稀泥」。家人卦的《彖傳》說「家人，女正位乎內，男正位乎外，男女正，天地之大義也。」主要在提醒組織成員，必須「各正其位」，各人努力扮演好自己的角色。該對外的要好好對外，以獲得社會大眾普遍的好感；該對內的要相互支持，使各人的事務得以密切配合。又說：

「家人有嚴君焉，父母之謂也。」當今民主時代，固然講求平等，卻也不能沒有職位上的尊重。主管下班時，彼此可以像朋友一樣相處。上班時他就是主管，應該給予相當的尊重。然後「父父、子子、兄兄、弟弟、夫夫、婦婦而家道正，正家而天下定矣」，父母像父母的樣子，子女也像子女的樣子；家道端正之後，才能夠進而管理公司、治理政事。

3、 管理固然應該塑造融合安樂的氣氛，卻也必須講求條理。放縱部屬或者過分嚴苛，都不是理想的管理，但是在「嘻嘻」與「嗃嗃」之間，往往不容易處理得恰到好處。這時候寧可稍為嚴肅一些，以免招致後患。有一些年輕主管，喜歡炫耀：「我同部屬相處，幾乎打成一片。」打成一片不錯，但是也不能失去尊重，長官部屬還是要有所區別。主管和部屬，就算不是主從的關係，最少也應該保持主伴的距離，有主(主管) 也有伴(部屬) 更為適合。

4、 家人卦外巽內離，離火盛而巽風生，外風盛大起因於內火熾熱，這種由內向外的道理，告訴我們「企業形象」系於「企業實力」，沒有實力的企業，即使極力塑造形象，不過是一種假象，遲早會被社會大眾所揭穿。先有實力再求形象，才能名副其實。

5、 內離即內明，組織內部是否「明義」、「明禮」、「明廉」、「明恥」，決定了管理的效果良窳。管理者必須肩負起「明禮」說教「嗃嗃」的重任，成為「明義」的實踐者，才能維持組織內的體制化和倫理化。

6、 家人扮演「運籌帷幄之中」的角色，以期「決勝千里之外」，正是「火旺生風，風熾火烈」。所以員工之間，必須互相友愛。組織成員，各自修己安人，管理的意義，即是「修己安人的過程」。

舉家人卦的例子，一方面說明它和管理具有十分密切的關係，可以說明管理的基本道理，這一基本道理一直到現在仍然實際可用；另一方面則說明在易經的發展過程中，很不容易明確劃分應該屬於什麼人的貢獻。

(二)坤卦--先做好部屬再當好上司

任何人只要好好努力[25]，大概都有機會晉升為主管。但是要當好主管，必須先做好部屬，這才是天經地義的事。先把部屬做好，將來晉升為主管，較能明辨是非，而且知道什麼樣的人，才是真正的好部屬。

乾、坤兩卦，就形來看，乾象徵氣向上升的形，坤象徵土向下墜的形，天高而性剛健，引伸為上司；地卑而性柔順，引伸為部屬。剛健主動，意指領導者；柔順主靜，正好是追隨者。

坤卦六爻皆陰，是純陰卦(如圖 3-9)，地積陰氣而成，坤為地，所以自初至上，都屬陰氣，坤者順也，指坤具柔順的德行，上承於天以生成萬物，好比部屬以柔順的內在美來配合上司，把工作做好。部屬對上司，是不是應該柔順呢?答案是：「看上司正或不正」，並非一味順從便是對的。

卦辭：坤，元亨，利牝馬之貞。君子有攸往，先迷，後得主利。西南得朋，東北喪朋，安貞吉。

坤卦

用六·利永貞。
上六·龍戰于野，其血玄黃。
坤(地) 六五·黃裳，元吉。
六四·括囊，无咎无譽。
六三·含章可貞，或從王事，无成有終。
坤(地) 六二·直方大，不習无不利。
初六·履霜，堅冰至。

圖 3- 9 坤卦卦、爻辭

初六「履霜，堅冰至」，以及上六「龍戰于野，其血玄黃」，都在告誡為人部屬者，不可不提防陰惡的一面。對所有部屬而言，初六爻辭的「履霜，堅冰至」，實際是讓上司適時有所警惕。因為惡毒的部屬，有如陰氣集，且剛剛凝結為霜，如果朝陽照射，很快就會融化了。當部屬初萌惡念，上司就立即覺察，並稍加勸導，應該比較容易糾正。

歷代皇帝，存心為害百姓的，實在少之又少，遭受奸臣欺蒙，看不清是非，才為非作歹的，為數甚多。可見上司對部屬，和部屬對上司一樣，都需

[25] 資料參考引用自 曾仕強 博士所著《洞察易經的奧秘》易經的管理智慧，p142-147

要警惕於「履霜，堅冰至」，在對方稍現邪惡之初，立即予以制止；以免積弊日深，最終害死自己。

部屬過分柔順，對上司的旨意完全順從，主管就必須提高警覺。因為有些部屬，善於利用順從主管來討好上司，使主管認為他十分配合，以至逐漸相信他，殊不知這種部屬，在獲得上司信任之後，開始有些「耍大牌」或「顯特權」的行為，這時主管應該適時勸導制止，免生禍害。

六二「直方大，不習，無不利」，意指為人部屬，必須正直、安靜、大度，並且養成習慣，隨時自然而然的流露，才會無往而不利。

但是，從另一個角度來看，上司考察部屬，也要從「直方大」的標準來衡量。有些上司喜歡聽好的消息，養成部屬「報喜不報憂」，變相鼓勵他不正直。要求部屬有話就說，因而使他們養成不能安靜聆聽的壞習慣。處處要算得很清楚，使部屬斤斤計較而不能敞開心胸。主管造成不直、不方、不大的氣氛，就不可以指責部屬表現逾越本身應守的分寸。

有一種越來越嚴重的可怕現象，就是不待上司說完，部屬馬上發表一大堆意見，弄得上下常常爭執、鬥嘴，而難於溝通。上司鼓勵有話直說，勢必招來這種困境。部屬最好安靜地听完上司的話，以「直、方、大」的修養來回應，而不是想到什麼就說什麼。這樣，上下之間才能圓滿地溝通。

部屬的身分，有高有低。初六和六二兩爻，提供基層做參考。實際上也可以說是所有部屬共同必具的基本修養。如果再晉升上去，成為中階層部屬，或者兼具主管與部屬雙重身分時，就要注意六三和六四的爻辭。

六三「含章可貞，或從王事，無成有終。」含章可以解釋為才德兼優的人才，既能遵守法制，又能寫出通順的好文章。但是盡管才德兼優，也應該謹守「無成有終」的信條，既不擅自做主，又能切實奉行命令，才算是盡責的部屬。

身為中階部屬，輔助賢能的中堅主管，若是本身具有必需的才能，而且不爭功，卻能夠把功勞歸給主管，必定可以順利達成既定的目標。

六四「括囊，無咎無譽。」部門主管的幕僚，最要緊的是守密。囊指口袋，口袋的開口處，必須收緊，所裝的物品才不致漏出來。身居部門主管的部屬，自然有許多人想來打聽消息，如果不知括囊，不把自己的嘴巴封緊，不知要洩露多少機密。不守密，勢必招惹許多妒忌，對上司、對自己十分不利。

無譽指無功也無過，無咎為無禍也無福。當部屬當到這麼重要的職位，必須謹言慎行，才能不受害。但是，由於謹言慎行，一方面固然沒有過失，卻也沒有功勞。雖然無禍，卻也無福。

部門主管考察自已的部屬，同樣要依據「括囊，無咎無譽」的警語，看看自己的直屬幕僚，是否謹言慎行，別人對他們，既無贊揚亦無怪責，那就可以放心了。

象說：「括囊無咎，慎不害也。」意思是說遵行「守口如瓶」的道理，才能夠免於禍害。

守密原本是人人必具的修養，六四之所以特重括囊，乃是因為部門主管經常要提出一些重大的計劃，在首長未裁決之前，最好不要張揚。甚至首長裁示之後，也應該保守業務上的秘密。萬一成為眾所周知的廣播電台，那就無人敢用了。

從另一個角度來分析，部屬如果處處都要括囊，表明不便公開的事務太多。有朝一日，勢必身敗名裂。最好及時請調或轉業，以求自保。

一般而言，如果部門主管公正、清明，部屬所保守的業務機密，多半屬於正當事物，當然無咎。若是部門主管不正、不明，部屬所守的秘密愈多，將來的下場愈難看。所以部屬對自己的主管，同樣應該慎選。良禽尚知擇木而棲，何況有才有德的部屬?

六五「黃裳元吉。」五是首長的「位」，六五指首長的幕僚，不論是幕僚長或高級職員，都要想像自己身著黃色的衣裳，才能夠吉祥順利。

為什麼特重「黃裳」，因為黃在五色之中，是一種中間色，既不像黑白那麼相拒，也不如紅藍那麼對抗。黃色和各種顏色都能夠調和，象徵幕長或高級職員應該廣結善緣，與同仁相處融洽。這樣，溝通、協調起來自然順利而吉祥。

《象傳》說：「黃裳元吉，文在中也。」文和紋同義，五色俱備叫做紋。幕僚長或高級職員，必須和各階層的人員相交往，有如位居各種顏色之中。如果能夠明白自己的「調和」角色，處處求協調，那真是首長的莫大福氣。

公司難免有派系，幕僚長卻絕對不能承認有派系的存在，正是此理。如果幕僚長認定有派系，彼此的鬥爭勢必更趨激烈。他只能說：「有人說我們中間，有一些意見不能一致，我不敢否認。至於分成派系，保証絕對不是事實，請大家不要相信這些流言。精誠團結，一向是我們的優良作風，以往是這樣，以後也必然如此。」

首長考核幕僚長或高級職員，以「調和」為第一要件，自己才會吉順，如果部屬常常發出驚人之語，恐怕是凶多吉少。

上六：「龍戰於野，其血玄黃。」坤卦自初至上皆陰，上六居坤卦的頂上，象徵陰到極點，從初六開始結霜、逐漸寒冷，凝成堅冰，硬得像鐵塊一般。陰極生陽，就像乾卦的亢龍，於是坤卦的陰亢龍，和乾卦的陽亢龍，在野外大戰，最後兩敗俱傷，流出天玄、地黃的血。

幕僚長或高級職員，因受首長的器重，不斷抓權造勢，有一天會引起「功高震主」的疑懼。只要任何一方先出手，首長和幕僚長就出現一場惡戰，不是首長去職，便是幕僚長下台，而多半的結局是兩敗俱傷，天色玄，地色黃。天引伸為首長，地引伸為幕僚長或高級職員。「其血玄黃」，證明兩人都在流血。

《象傳》說：「龍戰於野，其道窮也。」首長和幕僚長相鬥，絕不像基層或中層部屬相爭那麼容易解決。愈接近首長，知道的秘密愈多，首長不出手則已，一出手多半要他的命。坤陰盛極，干犯到乾陽，象徵幕僚長或高級職員，身居要職，卻功高震主，侵犯了首長的威權。當然是部屬之道，已經走到窮途末路了。

了解了坤卦六爻在管理上的意義，我們再來看坤卦的卦辭：「元亨，利牝馬之貞。」「元」是始，「亨」為通。一開始就要保持暢通，叫做「元亨」。坤卦純陰，陰氣一開始就要暢通，必須利牝馬之貞，牝馬性情柔順，能任重致遠。部屬學習牝馬的精神，必能自始至終順利而通達。

卦辭接著說：「君子有攸往，先迷後得主利。」君子指優秀的部屬，能體會坤卦的道理，走出正當的途徑，便是「有攸往」，亦即「有所行動」。「迷」指失，當部屬的如果沒有得到主管的許可，就擅自做主，顯然是一種過失，部屬能夠「不失責」，也「不越權」，即能獲得主管的信任。部屬得到上司信任，即為有利，所以說「後得主利」。

就算組織內已經明確地分層負責，也要得到上司的許可，以能夠據以實施。部屬應該自動自發，但要嚴守在責任範圍之內，可見擅自做主，未獲得主管同意之前，就有所行動，無論如何，總歸是迷失的舉動，不能令上司放心。

卦辭又說：「西南得朋，東北喪朋。安貞吉。」依後天八卦的方位，(如圖 3-10)。坤在西南，旁邊的兌和離屬陰卦，所以容易交成朋友，至于東北方的艮，以及兩旁的震和坎，都屬陽卦。坤如果和他交往，難免喪朋失類。但是，得朋不貞不吉，喪朋既貞又吉。意思是說為人部屬，固然應該柔順，卻應該表現出正直的行為，才能貞吉。若柔順的結果，表現出陰險的行為，那就不貞不吉了。順正，不順不正，應該是部屬的第一戒律。

圖 3- 10 後天八卦圖

綜觀坤卦的啟示，歸納如下三點，成為各階層部屬共同的規約：

(1)柔順看起來不如剛強那麼硬，耐力上卻有過之而無不及。柔能克剛。部屬在靜止時，直方而大，相當服從上司的命令。但是，上司的命令如果不合理，或者有違法的傾向，部屬應該像水，湧起波濤一般，以堅定的態度來抗拒，絕對不向威權妥協。

(2)部屬盲目順從不正當的主管，結果勢必身敗名裂，所以慎選長官，乃是部屬確保無咎的不二法門。

(3)再能幹的部屬，如果鋒芒畢露，造成功高震主的局面，那麼功勞愈大，就會死得愈快。這樣的結局，實際上是咎由自取，怨不得別人。謹守本分，好好表現，才是良好的部屬。

主管和部屬之間的關係，最好用乾和坤來模擬。乾的性質健而主動，象徵主管處於領導地位。坤性質柔順而主靜，表示部屬處於順應的位置。這種依地位的高低，來區分上司和部屬的角色，其實並不符合心性的要求。因為部屬也有剛健主動的一面，要長期柔順，恐怕很難做到。不得已被屈服，也可能有機會就造反，以謀求翻身。所以身為主管，必須考慮部屬的處境，不能夠勉強要其長期承受自己的陽剛，有時候也應該以大事小。讓部屬透一透陽剛的本性。做部屬的，則應該以先做好部屬，才有可能成為好主管來自勉，不應該把自己的委曲求全，當做一種不得已的忍耐。

(三)乾卦—是主管依據的要領

《易經》六十四卦[26]，以乾卦為首，自初爻至上爻，都是陽(如圖 3-11)，象徵陽氣積成的天。既然如此，為什麼不直接叫天卦，卻名為乾。因為天是乾的形，而乾為天的用，天的諧音，有「顛」也有「健」。「顛」指至高無上，「健」即自強不息。人應該取法天的用，至大至剛而又自強不息，所以定名為乾卦。卦辭只有四個字：「元、亨、利、貞。」說明乾道具備這四種法則，而且循環不斷。各級主管。都應該秉持這四種法則，把它當成做人做事的重要法門，茲說明如下：

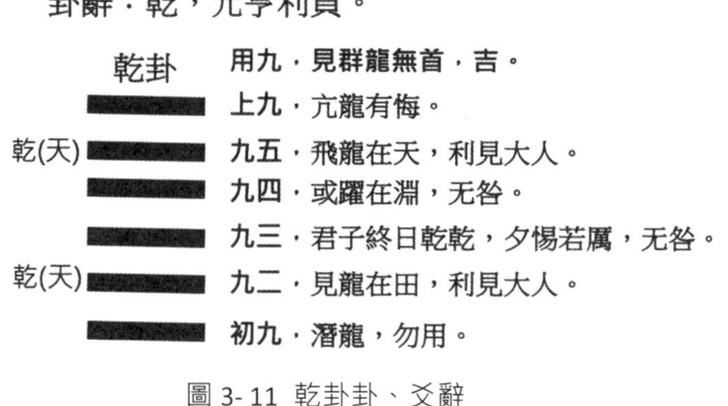

圖 3- 11 乾卦卦、爻辭

元指開始。主管的一言一行，開始時必須十分謹慎，務求光明正大。一般人開始時沒有注意到將來的後果，就會走一步算一步，因而粗疏、魯莽，潛伏

[26] 資料參考引用自 曾仕強 博士所著《洞察易經的奧秘》易經的管理智慧，p147-153

著許多危險的惡因，一旦爆發出來，後悔也來不及。亨即暢達。主管能夠慎始，一切有長遠而光大的盤算，言行的效果，自然比較流暢而通達。無論對上、對下，或者和平級同事溝通，如果一開始就能夠顧慮周到，而且預先設想良好的目標，當然會有圓滿的結果。

利是和諧。主管溝通、協調得暢達，大家配合得很愉快。一切事務，都在和諧的氣氛中進行，就會十分順利。事情適當進展，彼此和諧融洽，表示工作和人際關係雙方面都很如意，大家都有利。貞為正固。主管順利執行圓滿溝通的各種計劃和方案，如果能夠公正無私、端正不邪，而又正直不偏，那麼事情的進展必然順利，組織的運作，也將十分穩固。主管本身和組織同步發展，有賴於在穩固中開創新的局面，所以又要處處慎始，再次元亨利貞，而愈趨穩固。

元亨利貞實在是主管自我控制的最佳法則：「慎始、溝通、和諧、正固。」四步驟完成之後，又重新開始。如此循環往復、生生不息，合乎乾道的精神，必然成為不可多得的好主管。

中國人把龍當做最具靈性的動物，主管效法龍的變化，分階段調整自己的作為，才能夠收到元亨利貞的效果。那麼要如何階段性調整呢?

初爻：潛龍，勿用。

初九爻辭：「潛龍勿用。」初九指剛剛接任主管，必先用「潛」。一位有學識、有能力的主管，在沒有摸清楚所處的環境時，最好不要胡亂表現。這時候依據「到一個陌生地方，先打聽打聽」的道理，做好「入境問俗」的工作。暫時「潛」一下，隱藏自己的能力。就算像是龍一般地能幹，也要採取「勿用」的態度，不要表現自己的才能。在動之前，先仿效潛龍伏處地下，具有消極和積極兩方的意義，消極方面，做好避凶的防範。主管充分了解所處的環境，再做適當的表現，當然可以避免許多無謂的傷害。積極方面，則在培養表現的實力。因為入境問俗，使大家容易接納自己，減少抗拒的力量，正足以增強主管的實力。

九二：見龍在田，利見大人。

九二爻辭：「見龍在田，利見大人。」見龍在田，指龍出現在地面，表示潛伏在地下的時期已經過去，應該好好表現，以免坐失良機。主管接任之後，先摸清楚自己的單位具有什麼特性，所屬同仁能夠接納哪一類型的領導方式，衡量輕重、大小、緩急，列出表現的項目和優先次序，於是開始燃燒「新官上任三把火」，讓大家刮目相看，知道主管確實有兩把刷子。

從「潛」到「現」，指準備充分的表現，而不是盲目逞能。同樣三把火，燒到大家能夠接受，並且用心配合，便屬有效。若是燒到大家異口同聲地抗拒，甚至引起眾人的厭惡，那就可能反過來灼傷了自己。因此「潛」到「現」的時間，最好由主管自己來控制。時機未成熟，暫且潛伏；一旦良機來到，就應當及時採取行動。

至於「利見大人」，有兩種含意，一是主管表現得宜，自己的頂頭上司十分欣賞，向上報告，以至首長也很賞識，將來做什麼事情，首長和頂頭上司都比較樂於支持；一是表現的時候，固然要符合部屬的需求，環境的需要，更應該設法獲得首長的默許，以免弄巧成拙，越表現越倒霉，那就不是「利見大人」了。

這兩種含意，其實並不矛盾，它們都在告誡主管，自已的上司是否支持，影響相當大。心中有上司的存在，表現起來，對自己比較有利。上司有好幾層，當然以首長為最要緊，所以體察首長的旨意，才能好好表現。但是，這並不表示必須迎合或討好，或者套一些私人的關係。有時候尊重和誠懇，也常能博得首長的肯定。

九三：君子終日乾乾，夕惕若厲，無咎。

九三爻辭：「君子終日乾乾，夕惕若厲，無咎。」九三是下卦的上爻，象徵主管燒出「三把火」之後，小有成就。這時候主管最容易趾氣高揚，認為自己既獲得上級的支持，又贏得部屬的配合，因而得意忘形。如果能夠注意九三的啟示，做到「終日乾乾，夕惕若厲」，才有可能平安地繼續精進，而免於禍咎。「終日乾乾的意思是「既然表現的很好，引起上級的注意，得到部屬的歡迎，就應該更加勤勞，思慮得更加周到」。「夕惕若厲」是說到了夜晚，還應該「由於表現的很好，難免招人嫉妒，要特別小心警惕反省」。

為什麼九二稱首長為大人，而這里卻自稱為君子呢?《易經》所稱大人，常指德、才、位三方面都具備的人。首長德、才、位俱有，稱為大人。主管有才有德，位卻不高，所以稱為君子。

乾卦下卦三爻，分別為「潛」、「現」、「惕」。從個人而言，初任主管時必須由「潛」開始，看好時機，做好準備以才「現」，表現良好，更應該時時警「惕」，一方面防小人破壞，一方面防自己放縱。唯有提高警覺，才能無咎。

九四：或躍在淵，無咎。

九四爻辭：「或躍在淵，無咎。」九四為上卦的初爻，意指主管的初基已經相當健全，即將進入大成的階段，有如龍即將從深水中飛躍而上一般。下卦為主管的初基，上卦便是主管的大成。潛、現、惕的主管，初基穩固，如果終日警惕而不敢勇於躍進，就不可能有大成就。

初基築好，如果養成「臨事而懼」的高度警覺性，便可以進一步「好謀而成」，把自己的本事逐一表現出來。「或躍在淵」這一句話，如果配合著九五爻辭「飛龍在天」，合起來成為「或躍在淵，或飛在天」。意思是說：「胸懷大志的主管，不可能因小有成就而滿足。一定會由「臨事而懼」進而為「好謀而成」，抱持成則飛上天，不成則墜入深淵的決心，好好的表現一番。

事實上，「或躍在淵」指失敗的一面，「或飛上天」指成功的一面。九四爻辭講失敗的一面，便是希望主管深刻認識失敗的可能，因而盡量做好萬全的準備，以期一飛而上，所以無咎。

九五：飛龍在天，利見大人。

九五爻辭：「飛龍在天，利見大人。」古人認為龍飛在天，能夠為所欲為，因此有德有才，大家才會蒙受其利，產生「利見大人」的喜悅。主管有謀而成，一躍而飛上青天，這時應當有為有守，成為大家所利見的大人。這樣，守本分的主管，在青天飛躍時，才能維持長久的好景。

上九：亢龍有悔。

上九爻辭：「亢龍有悔。」亢指高亢，就是高到了極限。九五的自由自在，如果發展到剛愎自用，就有高亢的危險。主管剛愎自用，難免有錯誤；有了錯誤再來後悔，已經很難挽回了。

乾卦上卦三爻，分別為「躍」、「飛」、「亢」。從個人而言，時時警惕的主管，有了豐富的經驗萬全的準備之後，必然會做出較大幅度的改變，抱著勇敢一「躍」的決心，果然「飛」上青天，獲得良好的結果。這時就要守本分，千萬不要「功高震主」，以免「亢」龍有悔。

乾卦六爻，依組織三階層而言，基層主管，重在「潛」和「現」，亦即身居基層，必須明白「所見不廣」、「經驗不多」，盡量「了解現場、現況」，來做適當的表現，中堅主管，重在「惕」和「躍」(如圖 3-12)。

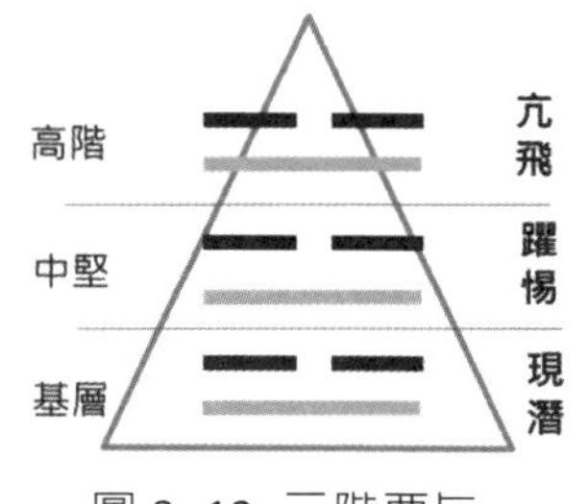

圖 3- 12 三階要旨

身為中堅幹部，如果專心體察上級的的意旨，疏於顧慮部屬的處境，很容易流於「拍馬逢迎」，為大家所鄙視，若是用心顧慮屬下，卻疏於體察上級，很容易「侵犯上級的權限」。唯有警「惕」於「上壓」、「下頂」的困窘，才能夠有備無患地趁勢一躍，終於晉升為高階主管。高階主管，則以「飛」、「亢」為重。飛固然可喜，亢就必定有悔，實在不能不慎。

乾卦六爻的爻辭，除了九三、九四之外，其餘四爻，都出現龍字。龍被視為最高地位的靈物，用來象徵人間的皇帝，所以六十四卦的第一卦，用龍來描述，是理所當然。龍的現代解釋，可以是君子，也可以是大人，意思是管理者的起碼條件，應該是品德修養良好的人士，具有龍一樣的身份，才夠資格談論管理，從事管理的事務。

乾卦除了六爻爻辭之外，還對全卦附加了一條警語，叫做「用九，見群龍無首，吉。」

用九：見群龍無首，吉。

九指陽，用九就是「用陽剛的精神奮鬥不懈」。但是，用陽剛的精神來奮鬥，卻不必用陽剛的態度來領導。因為主管的要領在「使部屬發揮能力」，目標在「總動員」；如果主管本身剛健，處處要勝過部屬，不但不能正確使用人，而且也很難領導人。王弼當年悟出這種道理，告訴我們「乾道貴在無首」。韓非子主張「君主有智慧也不謀慮，使萬物呈現他們的本分；有才能也不施展，以觀察幹部治事的準繩；有勇氣也不激奮，使幹部發揮他們的勇力」。認為主管「不用智慧卻更具聰睿，不用才能卻更為有效，不用勇氣卻更加強勁」，都在描述「無首」的境界。

見群龍的意思，是指主管胸襟恢宏，能容納群賢，並且讓他們充分地發揮能力，無首是不敢專制獨裁，剛愎自用，卻能夠謙恭、禮讓，使大家同心合力，發揮團隊的最大力量。這樣一來，大家樂於盡力，自然吉順。

綜觀乾卦的含義，主管處理任何事宜，實在都應該依據「潛、現、惕、躍、飛、亢」的道理，循序漸近，以求合理而有效。

首先，除非十分緊急，不要馬上說出自己的意見，先「潛」一下，看看大家有什麼好辦法；等到溝通得差不多了，就讓最合適的人去表現。然後以警惕的態度，繼續追蹤改善；獲得具體的成果，又把後遺症減到最低限度，這才放心地向外推展或發表。如果一躍而得到大家的贊賞，有如飛龍在天，就應該更加謙虛，保守自己的本分，切勿高亢，以免功高震主，招致失敗。

能隱即隱，該現才現。一般人能現不能隱，「待時」的修養不足，常常「不現則已，一現就引人妒忌，遭人打擊」，因而怨天尤人。

愈有能力的人，愈明白「唯有表現到眾人能夠接納的地步，才有繼續表現的可能」。孔子希望我們做到「人不知而不慍」，便是「隱居待時」的必要條件。

有能力的主管，往往流於專制，最後變得離心離德，眾人貌合神離，所以「用九」的道理，提示群龍無首的吉象，有能力者應該好好領悟。

五、易經管理的運用

(一)易經管理的八大要素

易經管理是一個很大的系統[27]，其源於太極，太極就是「道」(如圖 3-13)。

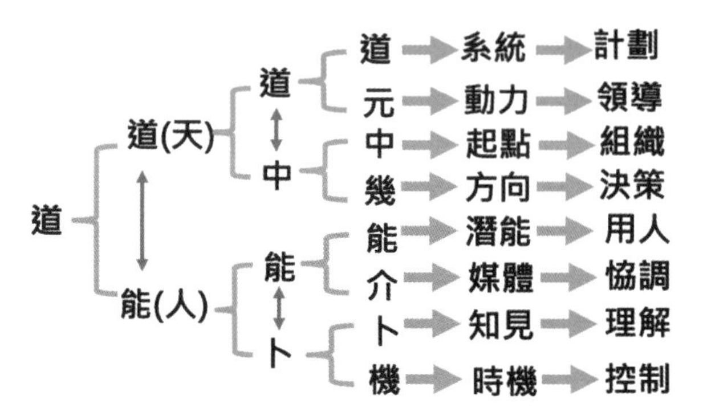

圖 3- 13 易經管理八大要素

「道」透過人事的表達，所以人是道的一個成就，分化為人即「能」，所謂人能弘道，道有一個中心點來變化即「中」。「中」掌握了道的動力，是宇宙的原始點。能表現在知的方面即「卜」。古時候對許多事情都不知道，要預測，就是卜。到此一分為二，二分為四，之後，「道」的系統發動為「元」，這是動力，「中」是靈活的發用。「幾」是動開始，主動的創造，發現問題，反躬自省。人要發揮「能」則需要一個媒體叫「介」，是介面，意見透過媒介，讓對方瞭解，或可有轉機或生機。預知「卜」變成時機的狀態即「機」，是環境或或機會。《易經》之「道」就是這樣一分二，二分四，四又分為八的系統。「元」是動力，「中」是起點，「幾」是方向，「能」是潛能，「介」是媒介，「卜」是知見，「機」是時機。

今天談管理，就是要掌這八個要素，就能達到目標，掌握能力，完成事業。用現在的話來講是這樣的：

1、系統→計劃：整體目標所決定的體系。

2、動力→領導：元即元首(領導者)能發揮作用。

---

[27] 資料參考引用自：成中英 博士所著《C 理論–易經管理哲學》，p69-70。

3、起點→組織：組織結構是靜態的。

4、方向→決策：決定方向是動態的。

5、潛能→用人：歷史上會用人的領導者都會成功。

6、媒體→協調：懂得運用媒體，可將事情做得圓滿。

7、知見→理解：對事物的認知。

8、時機→控制：重要時機的掌握。

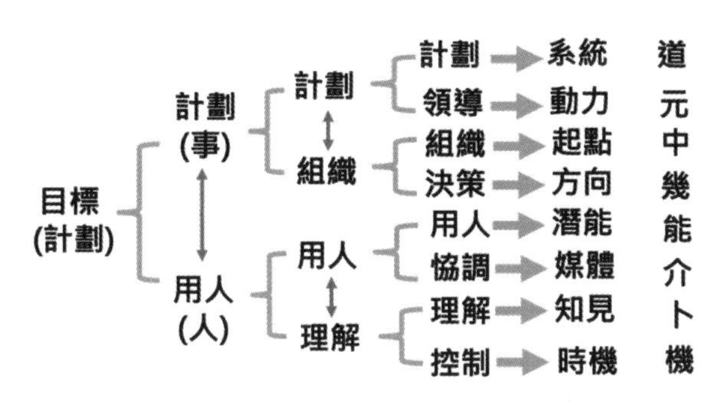

圖 3- 14 現代管理八大要素

以上這個易經管理若用現代化的方式來應用與表示就如圖(圖 3-14)。

有目標就要訂計劃，要用人，人與事互相關聯。實現計劃要組織，用人要知道用什麼人? 如何用? 計劃需要領導，組織要有決策，用人應協調，狀況都能理解就能控制得宜。

所以，整個管理系統可合而為一，又能一變為八，最後就是一個「道」，就是「太極」。更重要的是這麼一個易經管理體系，能帶來很多我們所希望需要的事物，如智慧、財富、力量...等。

(二)任何事物都看成兩面

《易經》並不難學習，但由於時代的久遠，人們對它存有神祕感，加上其本身文辭為一般大眾所誤用，因而《易經》治國平天下的大用就為人所忽視了。

管理亦是治國平天下的一部分。雖然不見得每個人都做官，但是在企業裡，把一個公司營運得順利興隆，也像把一個國家治理得富強安樂。

做一個有能力的經營者，或一個稱職的總經理，或即使不做領導者，而僅去評鑑一個主管是不是能解決問題的好主管，這都是大用。可惜一般都將《易經》大材小用，包括民間流行的對《易經》之用。如拿來算命、看風水等。

《易經》應如何瞭解?《易經》管理永遠把任何事情看成兩面。若是只看到一面，必然只是看到一件事物的表面，或一件事物的正面。任何事物都是一個整體，即然是體，就有很多面，看到的那面就叫正面，看不到的那個面就叫反面。但反面再往深一層看，有反面的正面、反面的反面，或許反面的反面也就是我們原來所看的正面，但也可能不是，因為事物不但是一個體，還是一個變動的體，每個事物都會因時、因人、因需要、因環境、因許多因素而有所變化。

(三)能還「元」則進可攻退可守

變，就不只一個面，有變，才會說這個面跟那個面不一樣；而不一樣，體也就可能不一樣。好比學生在小學、中學、大學，都是在讀書，讀書的這個學生是「體」，體沒有變，但「面」變了，因為在每一個階段，這個學生的想法可能不一樣，學習的東西也不一樣。一旦學生走入社會，他可能成為企業家、成為律師，或成為科學家。那時他整個人的內涵、價值觀、信仰都變了。

這種變與在學校，從小學到大學的變完全不一樣，這是「體」的變。社會上的體也不只有一個體，而有很多個體，這些體是從「元」裡來。我們說：「一元多體，一體多面，一面多用」。也可以說很多「用」可以歸納成一「面」，很多「面」可以規納成一「體」，很多「體」可以歸納成一「元」。

企業的發展是從「元」走向「體」，發展成功就變成很多個體，好比很多個關系企業。體有很多個面，如：一個公司的生產、財務、管理、市場、公關，都是面。面裡又有上、中、下階層的分別。立體來看，每個階層的面，都可以再發展成為一個體。

一個成功的企業，知道如何從一「元」發展到「多體」與「多面」，成立許多機構如信託、地產、百貨等分工。也知道如何從多體、多面還原到一個元、一個體，知道如何還體歸元，失敗就是成功之母。

不知道還體歸元，成功往往是失敗之源。還「元」很重要，掌握發展中的每個面，進可攻，退可守，方可做到收放自如的境界。

(四)易經管理的內外兩面

《易經》管理也有內外兩面，看得見的面是「管理」，看不見的那面「倫理」。管理必須先約束自己就是「修己」，要管理別人，先管好自己。

有人說「管理」是「管你」，雖是玩笑一句，但管理還是要透過對自我人性的認識、掌握、探索，才能瞭解人與我的關係，人己的定位，才能做好管理工作。所以我們說，管理是顯性的，倫理是隱性的。

談管理時，要掌握隱性，看不見的關係，來達到看得見的管理目標。無論人事、財務、市場，都必須在人性與人際關係的基礎上規劃，組織才能發揮作用。

也可以說，必須在人性資源的組合上，建立管理的秩序。

倫理是基礎與起點。管理是知識、技術、原理、掌握基礎與起點。來發揮知識和技術。所謂一體兩面，就是以管理為外，以倫理為內，管理為顯，以倫理為隱。

《易經》管理怎麼用呢?《易經》管理的「用」是化一體為兩面。管理面不能解決的事情用倫理面解決，倫理面不能解決的事情用管理面解決，管理與倫理不能分開時，兩個合起來解決。

(五)一般問題都可迎刃而解

要知道怎麼解決問題，先要知道怎麼分析問題。分為兩面運用，不能分就合。兩面裡的任何一面，可再分為更小的面。

兩面不能解決，二分為四，四可解決二的問題，又可再分為八。分到八個面，更多的細節都可考慮到，一般管理所面臨的問題，大多可迎刃而解。若還無法解決，那就是沒有「面面」俱到，不懂得運用真正的管理上之「道」。

道就是「元」，從宇宙的元來看，天下都是一個無所不包的道。道分「道」與「能」，「道」是天，是外在的環境、自然的條件。「能」是人，是道可以發揮的條件。道與能相互為用，但又自成系統而為一體，因而一又可分為二。「道」分「道」與「中」，道的整體是道。道的中心，起點是「中」。「能」分「能」與「卜」，「能」是能力，「卜」是先知，未卜先知。

「道」續分是「道」與「元」，這個「道」是靜態的系統，在人的表現上，是基於目標所做的整體計劃。這「元」是不斷在動的動力，發展的趨向，在管理的表現上就是領導。

「中」續分為「中」與「幾」，成就一個系統的起點是「中」，是要懂得瞭解整個系統的組織。而「幾」是決定，用什麼樣的方法，來做正確的決策，為達到目標所選擇的路。

「能」續分是「能」與「介」，開發人未發揮的潛能是「能」，也就是如何用人來達到目標。人與人合作，人與事的配合之間的媒介叫「介」，媒體運用得當，人、事則易協調圓滿。

「卜」續分是能「卜」與「機」，先知是「卜」，要有先見之明，瞭解資訊，由各種徵兆，去判斷人與事發展的情況，對事物的認知，是知見，也是理解(參考圖 3-13)。

(六)每個「機」都是機會

有了對環境條件的認知，要掌握重要的時機，就是「機」。每個機都是機會，每個危機都是生機的轉機，每個生機都是危機的轉機。不好的環境，往往是步向成功的轉捩點。端看是不是能掌握、控制。

瞭解了八個管理要素，要懂得「分與合」的運用，「顯與隱」的運用，「合與隱」的運用，「合與顯」的運用，「分與顯」的運用，「合與隱」的運用。

還有整體化「分、合、顯、隱」的運用，以及不斷的變化再變化，以致窮則變，變則通。事實上《易經管理》就是這些方式的連環運用，如圖 3-15。圖左方道是隱的《易經》系統。右方顯出來，看到的則是管理系統。

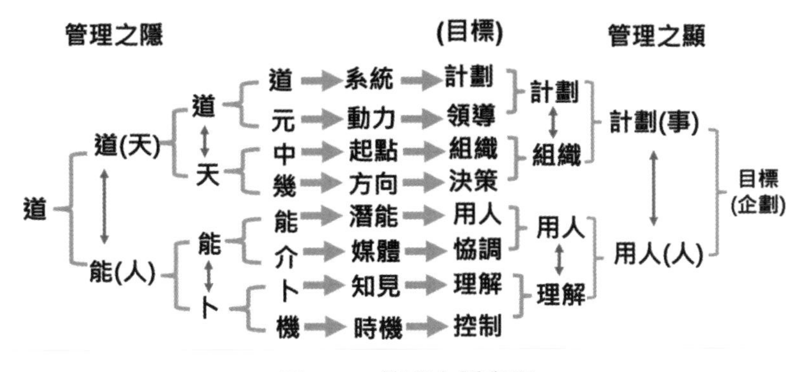

圖 3- 15 管理之隱與顯

以目標來訂立計劃，作為領導的基礎，用計劃來發揮領導，同時也可以用領導來修正計劃。任何決策以組織的能力作為基礎，組織要以達到決策為目標。用人要用人的能力，一個人的能力與另一個人能力的結合，若要配合得好，則需協調人際關係與個性配合。

要發揮控制機能，透過理解而來，對事情的掌握與溝通，對本身人力資源的瞭解，使其自願自動自發，自然發揮之控制的力量。

八個要素合而為四，即計劃、組織、用人、理解。四又合而為二，一為事的問題(動的，計劃；靜的，組織)；一為人的問題(動的，用人；靜的，理解)。

六、易經管理的模型與架構

有關易經管理的模型與架構，有二位學者提出相關的論述，一是成中英教授所提出的「C 理論--易經管理模型，另一位是曾仕強教授所提出的易經管理的基本架構，摘要分述如下：

(一)C 理論--易經管理模型

一般對於管理有個錯誤的觀念[28]，那就是認為，它是單一直線的控制機能，而且是持久不變的，其實，反觀現代管理的實際運作可以看出：管理是需要不斷更新、包羅萬象的事業，它必須配合外在環境，在組織內部不斷求變創新，

[28] 資料參考引用自 成中英 博士所著《C 理論–易經管理哲學》，p81-84。

唯有認識其不同面相，加以連貫、整合，才能產生總體效能，也唯有如此，才是具有經濟效益的管理。

對於這樣的理想，可以從《易經》哲學的基本思想得到印證，即不論是天地運行或萬物運轉，生生不息的現象，都是一種因應外在變化，內在不斷更新的過程。成中英教授在其所創 C 理論中，提出一個較為完整的易經管理模型，說明如下：

1、包括內外兩種層面

就外在意義而言，它代表中國、文化、變化、《易經》與儒家等，其內在意義則為決策(Centrality)、領導(Control)、應變(Contingency)、創新(Creativity)及統合人才(Coordination)等五項。

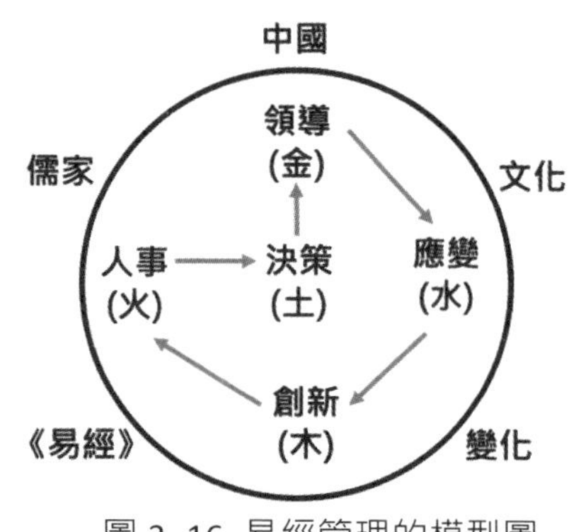

圖 3- 16 易經管理的模型圖

這些也就是最重要的五個環節，也是 C 理論的基本架構(如圖 3-16)，說明如下：

(1)**決策**：所謂管理，決策為一切的中心。由此可見，決策能力的培養十分重要，決策的基本條件是清楚明確的目標，把握環境因素，結合知識、技術，建立一套發展實施計劃。

(2)**領導**：決策的發揮執行，有賴強而有力的領導，領導能力除建立於學識素養、風度氣質、意志、胸襟、睿智、親和力等特質之上外，領導者本身亦須有堅定的中心信念，如此才能帶領所屬達到目標。

(3)**應變**：應變與決策有密切的關係，愈能掌握變化，決策愈能成功，實現目標，所以成功的領導者雖然應堅持原則，但也必須能權變。

(4)**創新**：與投機之別，在於創新是以實務及目標為基礎，所以創新的觀念或計劃，應是根據外在環境的種種變化與內部的發展目標而產生的。

(5)**統合人才**：此即強調識人、用人能力的培養，許多管理者不是沒有人才，而是沒有充分開發其人力，讓人才與目標更密切地配合，這無異是一種浪費。

2、五個環節發展帶動

上述這五個環節的運作，並非各自獨立，而是依序發展、帶動的五個步驟，一旦人力得到統合、發揮後，應再回歸第一步驟的決策，根據前一循環的結果，重新調整或修正決策，而後再展開第二個循環，如此周而復始，循環不已，管理才能發揮最高而完整的功能。

從人的角度來看，上述五種意義又可視為企業人所應具備的五種能力，從組織的角度來看，則是企業的五種機能：決管者、領導者、第一線的行銷或業務部門、生產部門及人事部門。

這五個機能之間亦有密切的互動關係，以決策者和領導者為例，後者須有前者的支持，前者須有後者的貫徹，決策才能實行，企業才不會迷失。

決策如須調整修正，亦須以一個循環為基礎，在原有決策執行到某一個程度，有環境變化、內外供需關係及人事等訊息回饋後，再配合目標據以修正或持續不變，否則容易流於朝令夕改，令人無所適從。

根據以上的架構，可以看出，理論是一個完整的管理系統，具有發展、組合企業組織的功能，除此之外，它還有評估分析，診斷對治理、管理運作，改善管理效率的作用。

此模型是把 C 理論五個要素與《易經》五行相生的原理結合在一起，如此便成一個評估、整合的系統，可對任何組織或管理運作加以分析，知其長短，並加以改善。

從五行來看，這五個要素各具金、木、水、火、土的特質，缺一不可，而且正如土生金、金生水、水生木、木生火、火生土一樣，有相生相成、互動的關係，比如說：水具有靈活的特質，正與應變吻合。木代表生生不息、欣欣向榮，正與創新吻合。火代表旺盛、蓬勃，與人事所強調的士氣高昂相符。土代表厚實穩定，有無窮的包合力，能創造生命、坐守中心，這正是決策所強調的特質。

3、管理人才應該像金

至於金，則代表剛毅堅忍，剛柔並濟，正如領導者應有的特質。實際上，好的領導管理人才，就應該像金，而非鐵，既忠誠，又有智慧去判斷，有彈性去變通，同樣是金屬，金之所以超越銅鐵，主要在它能繞指柔，又可百煉鋼，可變，而又不易毀壞，反之，鐵不但會生鏽而且不能變化，銅則易於毀壞，如果領導人才如鐵、銅，則易有二心，且不擅長變通，所以最好的領導人才應如九九九純金，其次為純度略低的十八或十六 K 金，最怕就是鍍金的。這樣的評估系統，既可用於診斷企業組織內個別功能是否健全，也可分析出相互之間是否有推動、相輔相成或相剋的關係，只有相生相成，一個組織才能成功，相剋則是最大的失敗。

從五行來看，水剋火，火剋金、金剋木、木剋土、土又剋水。比方說，外界變化太大(水過多)，則會影響到內部的人事(火)，人事紛亂不穩，領導(金)權威就受到干擾。領導不當，新計劃(水)便無法產生、推動。由這些機能彼此之間相剋性，可以看出一個組織除須健全各個機能外，亦須避免其相互干擾，使制衡作用轉化為砥礪作用，如此才會逐漸擴展實力，日益成長茁壯。

(二)易經管理的基本架構

曾仕強教授在其「洞察易經的奧秘—易經的管理智慧」[29]一書中提出易經管理的基本架構，其架構是外圓內方，如圖 3-17，要外圓必先內方，所以內方是易經管理的基礎，說明如下：

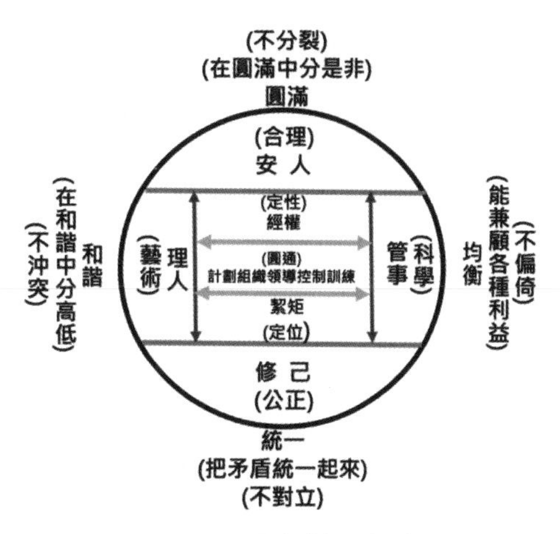

圖 3- 17 易經管理基本架構

1、管理的起點是修己

管理的起點，從「修己」開始，管理者自己要修治自己，正己然後可以正人。管理者修養自己只要是為了服眾。那修什麼呢? 就是修一顆「公正」的心，很多管理上的缺失源自於「私心」，如果管理上能一切秉公，自然從容合理，即使偶有錯誤，人家也能諒解。我們一般常講處事要「公正、公平、公開」，但實際上大家可以發現，處事公正，一切為公，應該沒問題，但是要公平基本上很難，易經在第 12 卦否卦就講得很清楚「無平不否」，就是世上萬事萬物沒有平的，所有的平都是不平的。這個大家可以從日常生活中去體會。要做到每事公平，個人認為真的很難。至於事事公開，那就更難了，尤其現在法治社會，有很多規範都會影響到處事的原則。

2、管理的目的在安人

管理的目的是在「安人」，這跟西方的管理目的有些差異，西方管理的目的基本上是要求效率與獲利，但易經管理目的「安人」不並表示它不追求利潤，而是在「安人」的基礎上來獲利，最終是要達到「安、和、樂、利」的境界。

---

[29] 資料參考引用自 曾仕強 博士所著《洞察易經的奧秘》易經的管理智慧，p31-33

那要安那些人呢? 首先，當然要先安「員工」，要讓員工能安心工作(工安)，安「顧客」，讓顧客能安心選購公司的產品(品質)，安「股東」，讓股東能有利可得(獲利)，安「社會人眾」，善盡社會責任永續經營，讓社會大眾能放心(ESG)。但是安的程度各有不同，都以「合理」為度，所以說，管理就是在求安員工、安股東、安顧客與安社會大眾，而且這四方面要兼顧。但都要以合理的「安」為決策的依據，

如果說「修己安人」是管理的意義，那管理的內函便是「管事與理人」，可見「人」與「事」都是管理的主要範圍，管事所呈現的結果，我們現在稱為「工作績效」; 而理人所呈現的結果，我們稱為「人際關係」。所以如果有人說，你的工作績效很好，就是在說你做事做的很好，如果有人誇你很有人緣，就是你理人理的很好，你的「人際關係」很好。「理人」與「管事」兩者要兼顧並重，才能確保達到外圓的境界，就是「圓滿、均衡、統一、和諧」的境界。

3、管事講求科學化

管事的部分，應該盡量科學化。採用科學的管理工具及科學的辦事精神來辦事，但是易經管理強調科學要與倫理結合，就是管理科學要賦予倫理的觀念，才不致出現嚴重的管理失調現象，例如沉淪於物欲享受、自甘墮落、喪失道德勇氣。這些都是不管倫理的結果。我們在推行科學管理的時候，必須注意西方管理的不足，而加以修正，以人為本的科學，來實施合乎人性的管理。

4、理人是藝術

理人的部分，有人說管理是一種藝術，主要應該是指如何「理人」這部分，因為他沒有一定的標準，也沒有像做事一樣有 SOP。如何「理人」跟管理者本身的「修己」也有密切的關密，所以前面才說「修己」是管理的起點。「理」本身就包含了尊重和理解的意思。「理」就是看得起，管理者看得起員工，才能得到員工的理解和支持。事情才能推動順利。

5、管理方法先求定位

管理的方法，首先要求「定位」，稱為「絜矩之道」，絜是「合」，矩是「方」。

組織成員各有職務，各有作用，調和得很好，合成一個方形，彼此有關係，卻並不相隸屬，各盡其責，自由自在，那樣才能心平，也才合乎人性。

6、其次要定性

定性，稱為「經權之道」，經指有所不變，權即有所變，站在有所不變的立場來有所變，便是「以不變應萬變」的最高管理智慧，可惜現在很多人不了解「以不變應萬變」真義，僅知變而不知常，難怪會亂變了。

持經達變，便是有原則地應變，有經無權的管理，過分僵化與死板，無法適應環境的變化；而有權無經的權變理論，則過分偏向權宜應變，容易流於亂變，唯有把握「有經有權」的精神，才能適時定性，做到合理化的地步。定位正是今日所謂分工專職，組織成員各有所司，而又彼此配合，共同朝向目標，盡力而為，定性則是依據安人的原則，審視時、地、人、物、財的變數，給予合理的措施。

7、管理活動

就項目而言，管理活動包括「計劃、組織、領導、控制與訓練」，基本上都與西方相同；但是無論那一項目，均以「安人」為準則，易經管理活動都以安人為前題，「計劃」是要今後幾年如何安人，「組織」是集合安人的力量，「領導」是發揮安人的潛力，「控制」是保證今後幾年如何安人，「訓練」也是建立安人的共識與充實安人的能力。

最終的管理目標是希望能達到組織圓滿、均衡、統一又和諧的結果。說明如下：

圓滿：是指完滿，我們所求的圓滿不只是管理的有效性，也強調「是非善惡」，在圓中分是非，才不會造成公司分裂，創造公司的價值，進一步提高人格與造福社會。

均衡：管理的目標不是單純的「追求利潤或利益」，所追求的利益，應該是「安、和、樂」的「利」，必須兼顧各方面的利益，才能不偏不倚。管理要想減少障礙，消除勞資的鴻溝，使顧客長期忠誠，與社會大眾和睦共處，就要注意保持均衡。

統一：是一種「不對立的狀態，一切事物都有矛盾的存在，矛盾不但不可怕，反而是引起變化的原動力，我們向來主張「分中有和，和中有分」不使矛盾對立，便可以設法加以統一，沒有必要消除矛盾，也不可以利用矛盾，而是把矛盾統合，求同存異。相互尊重，兼顧「合理」，管理者胸懷要寬大，不執著，也不一心求變。自然能達成「合理的統一」。

和諧：是一種「不衝突」的狀態，管理不可能不競爭，可是對內、對外，都不可能能公平，所以「不爭則已，一爭就不擇手段」。西方人主張「用爭來爭」，所以衝突不斷，大傷和氣，易經管理主張「以讓代爭」，在「讓來讓去」的和平氣氛中競爭，避免衝突，也不傷和氣。這樣用禮讓來競爭的精神，才能夠在和諧中分高低，不衝突卻能達到競爭的目的。

凡是管理得圓滿、均衡、統一而又和諧的，也就是按照易經管理的基本架構，來實施的管理，都稱為易經管理。相反的管的四分五裂、偏重一方面利益、呈現對立而又處處衝突的，便不是易經管理。要達到易經管理的要求，並不容易，把握「內方」的基本方法，「內方」是易經管理的基礎，努力去做，管理就會比較圓滿。

第四章 組織三才之道

管理必須分工，分工是為了要合作[30]，分工如果不能達成合作的目的，分工只有壞處，沒有好處。分工要求合作，有賴於密切的配合。從這個角度來看，管理即是配合，似乎並無不當。各方面配合得當，管理的效果，自然良好。

就組織而言，如果採用二分法，將組織成員一分為二，劃分成管理階層與員工，一方面代表資方，一方面則代表勞方；這樣就很容易引起勞資的對立，產生很多不必要的爭執。對管理來說，這不是上策。這種二分法的組織，上下之間難以配合，很不容易運作，所產生的後遺症很多。

依據易經天、人、地三才的方式，採取採三分法，把組織概略分成「高階」、「中堅」、「基層」三個階層，彼此扮演合理的角色，站在不同的立場來配合，以求圓滿達成任務。不管組織實際有多少階層，都可以大略區分為三個階層，最高和最低層之外，其餘各階，都合併稱為中堅。組織的三個階層如何定位，易經的三才之道可供遵循。

一、三才代表組織的三階層

易經八卦，每一卦都由三個爻所組成，這三個爻分別象徵「天」、「地」、「人」，的位置，易經的觀點，把象徵天、地、人的三爻，稱為三才。天在上，地在下，人在中間，各有其適當的位置。但是，易理是相對的，天有晝夜、人有男女，地有水陸，所以卦爻也需兩兩成對，把兩個三爻卦兩兩相重，組成一個六爻卦。《易經》的《系辭•下傳》說：「易之為書也，廣大悉備。有天道焉，有人道焉，有地道焉。兼三才而兩之，故六。六者非它也，三才之道也。」六爻卦兼兩爻為一位，五與上為天位，三與四為人位，初與二為地位，正好配合三才之道，如圖 4-1。

---

[30] 資料參考引用自 曾仕強 博士所著「洞察易經的奧秘」易經的管理智慧，P87-111

「才」字的意思和「材」相通。任何組織，實際上都包含三個階層，那就是「高階」、「中堅」和「基層」，所需人員的才質正好合乎「天道」、「人道」和「地道」的性質。如圖 4-2。

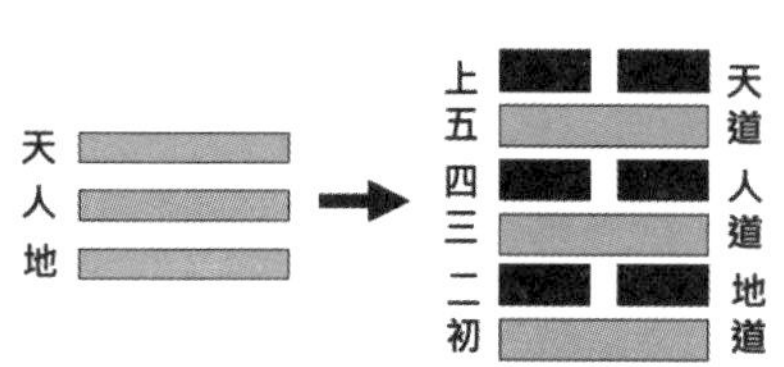

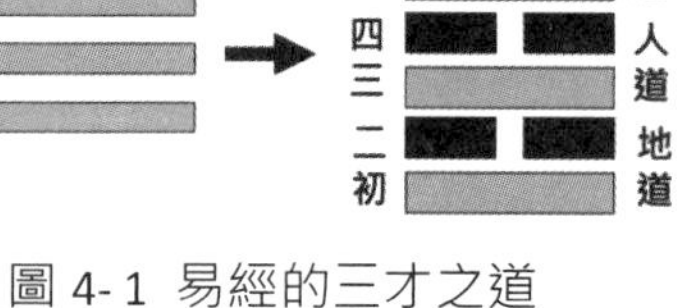

圖 4- 1 易經的三才之道

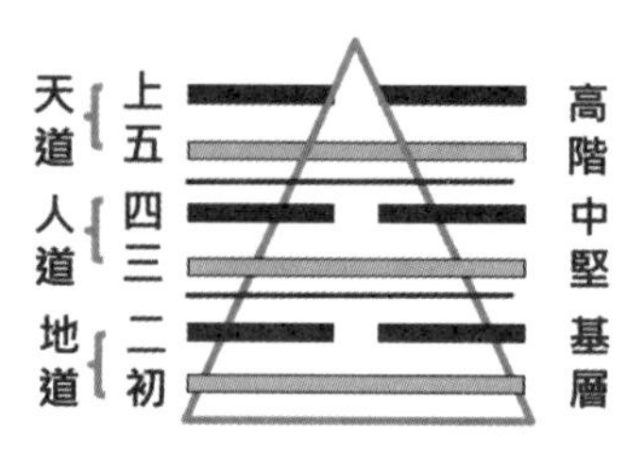

圖 4- 2 三階層各有才能

「高階」、「中堅」、「基層」這三個名稱，是長久以來即被沿用的稱呼，可以看出易經管理長期以來即被運用在管理領域，只是一直處於未整理「不自覺」的狀況。如果把它系統化的整理之後，大家能夠「自覺」地運用，及早脫離「行而不知」的階段，進入「知而行」的信心堅定階段，運用起來會更有自信，更能「知其然，知其所以然」。

管理者最好把自己當做「中堅幹部」，隨時注意承上啟示，應該更為安全妥當，即使已經位居董事長，也應該想一想，政府官員、顧問、員工，甚至社會人士，從某一種角度來看，實際上都是自己的上司。只要其中的一部分，對自己有不滿的地方，說不定哪一天，在哪一件事情上面就會產生強大的壓力，使自己喘不過氣來。總經理更應該心目中有董事長的存在，才能夠獲得董事長的賞識與禮待，各階層都應如此。天外有天，人上有人，不要把自己當高階看待，要做到人家把你當做高階看待，才有實質的意義。

我們現使用「中間幹部」，而不是使用「中堅幹部」，這一字之差，意義完全不同，「中堅」在易經三才中位居人道，為卦的第三、四爻，我們罵人常說「不三不四」。「天」不會「不三不四」，「地」也不會「不三不四」，只有人常常「不三不四」。中堅幹部上有高階、下有基層，夾在中間，經常弄得不三不四、處境很尷尬、任務艱難，所以稱之為「堅」。

例如，甲是老板，屬於高階；乙是經理，是公司的中堅幹部；丙是作業員，位於基層(如圖 4-3)。有一天，甲看見丙遲到，偷偷的溜進來。當老板的如果知道自己屬於天道，根本用不著當惡人，照樣笑笑，若無其事地走開。然後打電話給乙經理，問他：「是不是有人遲到，現在已經十點多了，才剛剛溜進來?」乙經理放下電話，當然會去查。乙經理把丙找出來之後，可以採取正反兩種的態度：

圖 4- 3 三階對應圖

1、坦白地告訴丙，自己原本不知道他遲到，是老板親自看見，並且打電話要求徹查嚴辦，不得已才把他揪出來的，同時要他諒解：「大家都是同事，不要責怪。」換一句話：「要怪，就怪老板太無情，遲到一會兒，就不能輕易放過，一定要查辦。」

這種「出賣老板」的態度，就應著「不三不四」的警語。身為中堅幹部而產生如此行為，顯然不是很好。

2、誠懇地向丙說，老板看見他遲到，認為他可能發生什麼事，要他來了解一下。如果需要公司幫忙，也請不要客氣，公司一定會盡力。然後讓丙自動說明遲到的原因，並且按規定處置，使之沒有怨言，一方面遵照老板的旨意，一方面站在丙的立場，不讓他的權益受損。

這種「合理處置」的態度，已經機智地擺脫了「不三不四」的困境。身為中間幹部，至少應該有此素養。

有人對這種看起來好像「讓老板當好人，叫幹部做惡人」的做法，感到十分厭惡。其實，真正明白其中的道理，會覺得好處很多，值得多加運用。分析如下：

第一，老板看見某丙遲到，便親自給予苛責或處置，是一種嚴重的「上侵下權」的不當行為。組織是分工專職，而且講求層層節制的。老板事必躬親，侵犯幹部的職責，更讓幹部沒有面子，後果堪慮。

第二，老板親自處理某丙，合理固然很好。萬一處置得不合理，這時候就沒有人願意為某丙據理力爭，以致某丙遭受不公平的處置而申訴無門。就算某丙自己極力申訴，恐怕由於乏人聲援，也將難改老板的決定。如果老板不親自置，交由主管幹部來辦理，結果如何？老板還可以比較客觀地評估一下：「乙經理處置丙案，是否公正合理？有私心嗎？有成見嗎？因此某丙遭受委屈的機率，反而大大降低，對於賞罰的不正性，頗有助益。

第三，老板親自處置，萬一某丙脾氣暴躁，當場大罵老板，甚至出手毆打老板，請問老板受得了、吃得消嗎？西方老板受到員工的毆打，大家還會冷靜地評一評理，到底是老板不對，還是員工亂來；但是如果發生在我們的社會，大家心裡都會暗想：「當老板當到被員工修理，可見做人很差」，在中國社會，越居上位越害怕被挨打，因為眾人很少同情他。如果交給幹部去處置，萬一幹部被打，老板可以出面調停，或者叫另外的人員去處理，自己卻數落被挨打的幹部，「處置一點小事情，居然弄到被打，可見你平日太不關心員工，也太不了解員工。」豈非立於於不敗之地？

再說，老板直接處置，員工心里覺得不滿，在公司外面就可能破壞公司聲譽，使公司蒙受損害。如果讓幹部去處理，而又使員工覺得老板完全出乎好意，就算員工對幹部不滿，由於對這麼好的老板有所顧忌，也不好意思在公司外面罵公司，因而消滅了許多不必要的困擾。

這樣分析起來，「讓老板當好人，叫幹部做惡人」，於公於私都比較好。

從以上例子，管理者最好明白，西方的管理者和被管理者，都可以有話直說，遇事直接處理，不需要太多的拐彎抹角，並不要求圓滿、圓融和圓通。但我們從小就受到太極轉動的影響，很會拐彎。既不能夠有話直說，也不應該遇事直接處理。我們老早就知道，兩點之間，直線最短，但不是最快，而是狐線比較快。因為地球不是平面的，而是圓的。我們凡事求圓滿，人與人相處講求圓融，處理事務講圓通，所以有很多管理行為，顯得和西方不相同。

易經管理的道理，源自《易經》。三階人員如何配合，以求高效率、高品質，也應該遵循三才之道，領悟其中的奧妙。

初、二兩爻為地道，陰柔陽剛；三、四兩爻為人道，陰仁陽義；五、上兩爻為天道，分陰分陽。如圖 4-4，這一卦叫「既濟卦」，任何組織能夠循此正道，必然成功。

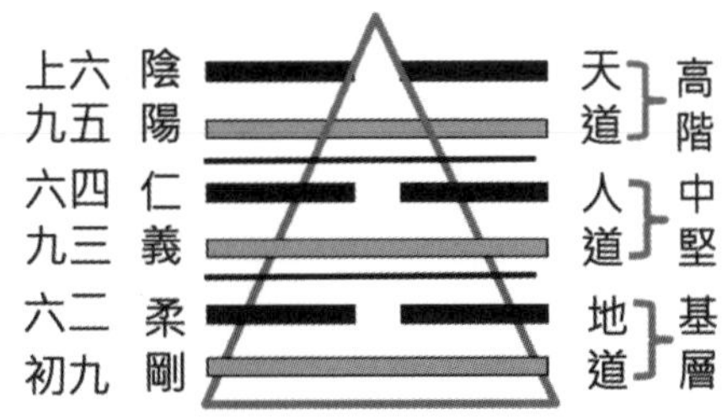

圖 4-4 既濟卦的三才

既濟，是指一切事情都已完成。高階人士，必須依循「陰陽」之道，就是按照天道運行的法則；基層人員，應該秉持「柔剛」之道，也就是依照地道變化的法則；而中堅幹部，則需要遵循「仁義」之道，即實施人性行事的法則，才能夠使組織任務，達到既濟的地步。這樣我們就了解「不三不四」原來就是「不仁不義」，因為三為義而四為仁。

《四庫全書總目提要》說：「易之為書，推天道以明人事者也。」徐復觀先生認為在天道變化中，能找出一種規律，以成立吉凶悔吝的判斷，進而漸漸找出人生行為的規律。高階人士，經由「法天」或「法象」，依據卦象的變化，深刻認識上天的好生之德，在組織內做好「安人」的工作。換句話說，高階人員的主要任務，在「知人善任」。所持的態度，有陰有陽。現代仍然流行的一句話「有些事情可以說，不能做；有些事情可以做，不能說」，應該屬於高階運作的特性之一。

易數以陽統陰，易象以陽變陰，《易經》扶陽抑陰，似乎是陽大陰小，陽貴而陰賤；但是立天之道，不說「陽與陰」，卻一直肯定為「陰與陽」。影響所及，中國人只說「陰陽」，不說「陽陰」。這就表示：高階人士，盡量不要「管人」(以陽壓陰)，要以「理人」(先陰後陽)為重。務須先禮後兵，對同仁待之以禮、先柔後剛，非不得已，不要翻臉無情。

地的主要功能，在生長萬物。立地之道曰柔與剛，有時也稱為「剛柔之道」，說明基層人員處理的對象，以「物」為主。處理的方法，亦不外乎先柔後剛或先剛後柔，觀作業流程的需要，作適當的運用。

天高高在上，中堅幹部處於「天之下」，隨時隨地承受天的監視；所以，大多數人都把天看得很大，一切都要「順天」。人生活在地上，必須依賴食物而生活，因此把物看得很重要，產生「愛物」的心理。高懷民先生指出：「中國人深受大易哲理之惠，對『順天』、『愛物』之意，早已自然熏習於民族性中。」他深為感慨：「近代以來，眼見西方物質文明之高度發展、人焰高漲，上發「逆天」之狂論、下為「暴物」之傲行，人多已失去高尚的自我的約束之德；少數人之禍尚可用法律制裁，而大多數人所造成的狂傲之禍，已使人擔心到無法制裁了。」他覺得把大易哲學公諸於世，向世界人類闡明「人道」的正義，才是根本救世之道。中堅幹部要頂天立地，必須秉持仁義的法則，承上啟下，成為德配天地的中「堅」人才。

高階以「人」為主，基層所重在「物」。那麼中堅呢？主要在處「事」。人、事、物的區分，成為高階、中堅與基層各有所司的重要依據，如圖 4-5。

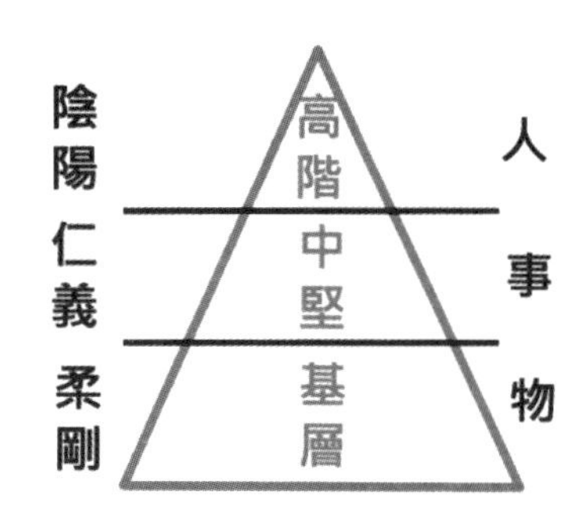

圖 4-5 三階各有所重

人的安順，為高階首要的職責；事的處理，是中堅最要緊的任務；而物的處置，應該是基層的主要責任。

可以這樣說，三畫卦的卦爻，包括天地人三才，上面那一爻，表示無形的能而為天道；下面那一爻，表示有形的質而為地道；中間那一爻，則兼備無形的能與有形的質而為人道。道家窮變化，可以用來說明易的天道；儒家重倫常，可以用來說明易的人道；墨子提倡實利，可以用來說明易的地道。儒、道、墨三家學說，都以易經的道理為依據。儒家思想來自《周易》，道家思想來自《歸藏易》，而墨家思想則來自《連山易》。三家學說，各有其重點，正好配合三個階層的不同需求。大抵說來，高階應有道家的修養，無為而無不為，重點在「無」; 中堅要具備儒家的風範，知其不可而為之，重點在「能」; 基層人員，則宜本乎墨家的苦行節用，尚同合作，重點在「有」。如圖 4-6。

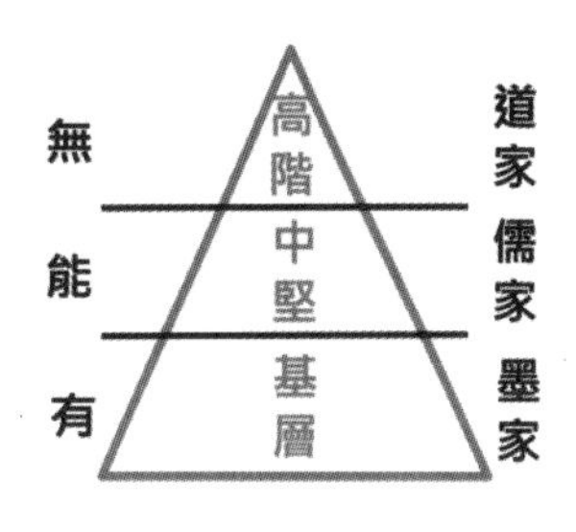

圖 4- 6 三階各有所宜

管理者盡量以中堅幹部自居，而且最好以儒家所倡導的道理為重，太早進入道家的「無為」，很不容易收到「無不為」的效果。最好先為而後無為，也就是有把握時才無為，更為穩妥。中堅幹部最要緊的工作，其實是變通。所以如何適時應變，以求得合理的調整，便成為管理者的主要任務。《系辭•上傳》指出:「變而通之，以盡利。」意思是六十四卦代表管理所可能遭遇到的六十四種情況，管理者還應該更進一步，變化會通三百八十四爻，務求完全施利於天下。也就是不拘泥、執著於一隅，能夠隨時依情境的不同，變化其應對的方法，以適其宜。

二、各階層管理之道

組織三階層，配合三才之道。高階遵行天道，中堅實施人道，基層奉行地道，彼此密切配合，才能獲得天時、地利與人和，提升管理的效益。如圖 4-7。

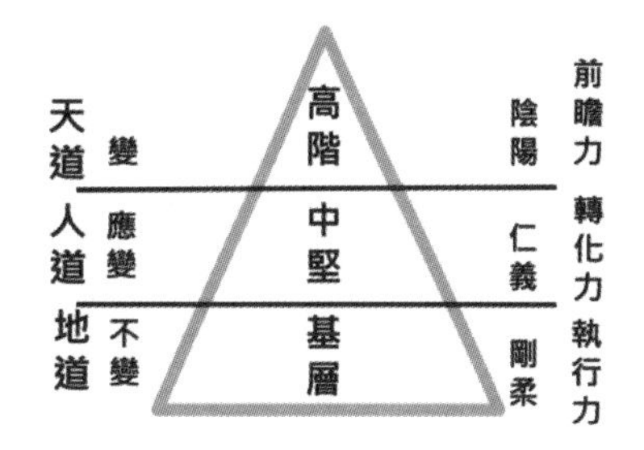

圖 4- 7 天地人三才的配合

(一)高層應秉持天道來領導

天道尚變，所以高階人士，必須深研變化的道理。《易經》所說的「變化」，大多數是指由陰陽往復而起的生生不息的效果。高階人士，最好善於體會宇宙萬物一往一來的變動律，秉持「一陰一陽之謂道」的方式，掌握未來的變化，培養良好的「前瞻力」。高階是組織的掌舵人，能否把握正確的方向，有沒有前瞻性的眼光，能不能明白「陽動而進，陰動而退」的規律，實在是大家非常關心的事情。易道周流六虛，愛因斯坦發現光行曲進，老子指出周行而不殆。六十四卦除了乾、坤兩卦提示大綱之外，其餘六十二卦，從屯、蒙、需、訟，一直到既濟、未濟，實際上都在宣示終而復始，無窮無盡的循環變化。高階的前瞻力，必須把握往復循環的變化之道，表現出下述三點：

1、 在事情尚未發生之初，就能夠看出它的動向，並且正確地提示出來。

2、 在過盛而將衰的時候，能夠及早引導適當的轉變，而不是喪氣地怨天尤人。

3、 有信息、有數據，運用科學預測；缺乏信息、數據時，也會利用占卜或直覺，來預先測知。

高階管理者，務須明白天道尚變，含有不能亂變的要求。我們看看天的樣子，固然是善變，卻也春、夏、秋、冬，不失其時。變的時候，必須考慮到員工的承受能力和幹部的應變能力，若是變到員工無法承受，那就是不自量力的變。如果變到幹部難以應變，那就是變得太快，或者變得太離譜，即便幹部想配合也做不到。這樣的變，偶一為之，還能夠勉強為部屬所接受。常常如此，恐怕不是公司的利基，反而是組織的危機。

高階主管不能以缺乏訊息、數據為理由，而推諉決策的責任。就算一切模糊不明，身為決策者，亦非拿出主意不可。

前瞻力所預見的是「未來」，而未來是變化的，不確定的。所以高階人士尚「變」；在行為表現上，即為「善變」。常聽見一些幹部批評高階主管「變來變去，講話不算數」，因而「能拖便拖，反正上面還會變，做快了倒霉。」殊不知「天氣變化無常」，氣象台的預報往往產生很大的偏差；但是氣象台的工作人員，卻不能由於可能發生變異而放棄預報。同樣的，幹部不可因為上司善變而拖延時間，卻應該邊做邊調整，好像人順應天氣，隨時添加或脫掉衣服，才是合理的行為。坐等天氣忽冷忽熱的變化，遲早感冒生病。坐待上司的變來變去，同樣會浪費時間，來不及做出合適的響應。

(二)基層應秉持地道執行

地道和天道不同，它的特質是「不變」。即使輕微的地震，也會令人相當不安。基層人員最好嚴守紀律，切實遵照工作規範，不可擅自改變。然而《易經》是「變化的道理」，宇宙間一切都在變，哪里有不變的呢，可見這裡所說的不變，是相對於變而言的。事實上「地」也是「動」的，並非「靜止」，基層人員，仍舊要有變的能力，不過要在主管的同意之下才可以變更。通常我們對基層人員的要求，有下述三點：

1、 一切照規定，切實去執行。不要自做主張，任意改變，唯有確實做到這一地步，工作品質才能穩定而合乎標準，主管人員也才能夠放心。

2、 發現任何異常現象，就要停止工作，趕快把異常現象向上級反應，既不能隱瞞，也不擅自改變，以免造成更大禍害或弄巧成拙，反而不可收拾。

3、 如果不能停止，就應該及時依照預先設計的方案來調整，同時要按照上級提示或同意的新方式或新程序，來改變目前的工作方式或流程。即使自己長期工作積累了很多寶貴的經驗，也應該依正常程序提出建議，待大家同意之後，才做出合理的變更。

執行並不是完全不動腦筋地按照指示去執行，卻也不能夠不依照規定而擅自變更。不論是自動地提出主張，還是被動地等待命，改變執行的方式或程序都要獲得上級的同意，這才是所謂的「不變」。

基層主管最好明白地道的要領，在於剛柔十分分明。只要一切照規定去執行，用不著大小事情都去請示或稟報，讓上司不勝其煩，而且浪費時間，等於增加成本。基層主管事事請示，樣樣報告，事實上也影響工作的正常運作。但是若是承受不了，工作遭遇困難，過程出現變數，或者有什麼風吹草動。出現異常的狀況，這時候就應該馬上據實向上級報告，不能有任何隱瞞不實或誇大其詞的情況，才能夠獲得上級的支持，做出合理的應變，以利工作的順利進行。

(三)中堅主管應秉持人道來管理

「人道」調和「天道」與「地道」，貴在「有所變有所不變」。中堅幹部處於高階與基層之間，必須發揮「應變」的「轉化力」。由於「不可不變而且不可亂變」，所以秉持仁義，又求合理。中堅幹部的「轉化力」，表現在下述三點：

1、 一方面要順應高階的變，一方面要掌握基層的不變。既不可以埋怨或拒絕上級的變更，又不能夠放任部屬自行改變。使上級的變，能為基層所承受；使基層的改變，能夠符合上級的要求。

2、 不可以把上級的指令，原原本本地向下宣示，以免引起基層的抗拒與反應；也不可以直接把基層的建議，向上級去呈報。這種常見的錯誤，其實就是不明白「轉化」的道理，不加轉化的承上啟下，很難獲得良好的效果。

3、 不能夠盲目順從高階的變，並且不顧基層的實際情況，強制他們承受上級的改變；不可以只顧基層的方便或利益，反抗高階的變更。合理地調節高階的變與基層的不變，固然不容易，卻顯得中堅確實具備「轉化力」。

中堅幹部最好明白處天地之間，必須順應天地自然法則的道理，大自然的天，固然與大自然的地相對立，但是天高高在上，所產生的光，普照大地。組織若是缺乏高階層英明前瞻，相當於身處黑天暗地的狀態。人再能幹，也將迫於形勢而有力難伸。天能生、死人，地也能禍、福人。高階主管對中堅幹部，同樣操有升遷、任用的大權，人必須順天，而不能逆天，中堅幹部同樣要順應高階的要求，全力加以配合。先和高階處得好，才有辦法照顧基層的員工。凡事先順著高階的旨意，再聽聽員工的意見。將高階旨意有效地轉化，成為基層員工能夠接受的要求。

(四)管理要「制度化」、「合理化」、「人性化」

現代管理，倡導「制度化」、「合理化」、「人性化」。《易經》三才之道，一以貫之地把它們掛搭在三個階層，並且恰當地配以「情、理、法」的精神。如圖 4-8。

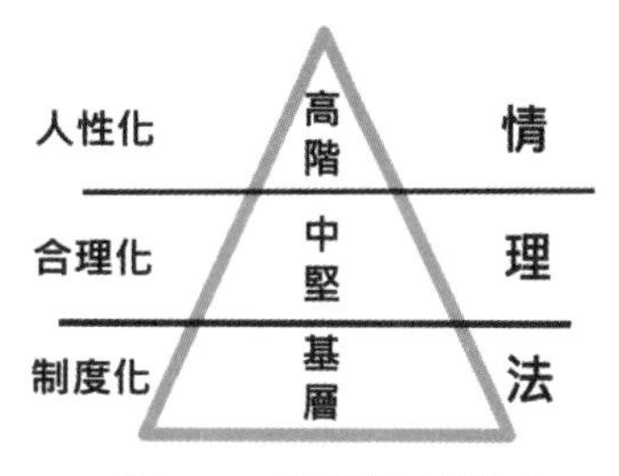

圖 4-8 情理法的配合

「制度化」無疑是管理的基礎，沒有人不重視管理的制度化。但是，制度化根本不是良好的管理。因為制度很容易僵化，不易適應內外環境不斷產生的變化，也很難應付兩可或例外事宜。

基層人員，一切以「法」為重，遵守典章制度。他們生活在「制度化」的環境中，最大的希望，便是「給他們合理的制度，並且合理地適時調整」。他們守法，依制度行事，卻期待高階人士要有「良心」，給他們合情合理的制度。「天良」代表「天理良心」，是基層對高階的最高要求。

高階人士最希望基層人員能夠切實守法，以便自己有充分自由可以任意變法。這種心態著實可怕。高階如果不憑良心，為私利、逞私欲而立法，就會形成「制他人於死地，度自己上天堂」的惡法，置基層於水火之中。「情」的含義，為「心之美者」，即是「一切憑良心」。高階憑良心，訂定合理的制度，所以拿「情」做為高階的重要精神。人而有情、才合乎人性；合乎人性的管理，叫做「管理人性化」。

現在我們明白，高階一直喊「守法」，並不能打動基層的心，反而引起「想拿法來拘束我，滿足你的需求」的懷疑，更加不願意守法。

高階人士，最好不要口口聲聲強調「法」，而應變換一種態度，希望「把法修得合理，方便基層遵循」。合理不合理，實際上很難講。理不易明，往往公說公有理、婆說婆有理，要爭執就很不容易分是非。這時候需要中堅幹部來轉化，把「合理化」的「理」，轉化成基層人員所願意遵循的「法」；其先決條件，則在高階有「情」，有良心地尊重人性。

(五)管理的「權」、「責」、「利」

三階的配合，要做到高階重「情」、中堅重「理」、基層重「法」，勢必澄清「權責」的區分，才有一以貫之的可能。依據「天時、地利、人和」的要旨，高階必須有「權」，中堅應該盡「責」，基層無權無責，重在謀「利」。聽起來似乎亂七八糟，深一層分析，頗有道理，如圖 4-9。

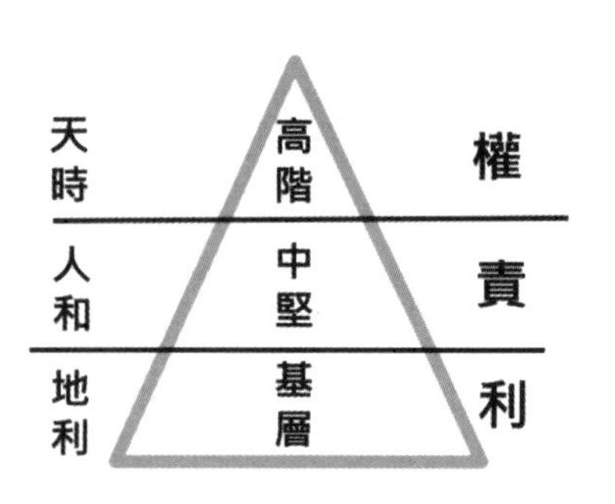

圖 4- 9 權責利的配合

常聽見有人在罵：「高階只想抓權，把責任推給幹部，而幹部有責無權，怎麼把事情做好?」 也有人如此抱怨：「基層不負責任，一心只想多幾個錢。」可見三才的配合，長久以來，主宰著中國人的管理。中國人說「權」喜歡加上一個「限」字，稱為「權限」。任何人的「權」總是有「限」的，不用說捨不得分授給他人，而且有限的權，委實不知道如何分授。

「天」賦「人」的責任，仍保留決定成敗的「天命」權限，人才會敬畏天；另一方面，「地」能否盡其「利」，還要看「人」是否盡其「責」，以及「天」是否依「權」調節其「時」。

可見「人」有「責」無「權」，而「天」有「權」無「責」，「地」則依「天」及「人」而獲其「利」，原本是十分自然的道理。

中堅幹部心存爭「權」奪「利」，上面的人放心嗎? 下面的人會熱心嗎? 為了「授權」，弄得高階不放心，基層不熱心，以致中堅自己也不稱心，如圖 4-10-1。請問有此必要嗎?

高階用「授權」來推卸責任，基層認為中堅有權而不敢用，於是互相猜疑，哪里能夠真誠合作?

高階主管大「權」在握，必須把握有利的時機來行使，眾人才會心服，才見其大，也才有成效。如果時機不利，大家不支持，權就變得很「小」。要不然，何來無力感?

中堅幹部，必須明白爭權奪利的真正意思，即在爭上司的權，奪部屬的利。上司的權，要不要分授給我們？那是上司的事情。我們口口聲聲要求授權，分明是擺明要向上司爭權。在上司的心目中，我們已經成為越權的部屬，豈非十分可怕？部屬應該獲得的利益，應該完完全全歸於部屬。幹部如果從中剝削，那就是奪取部屬的利。部屬要不要和幹部分享？那是部屬的事情，按理說幹部還應該適當推辭才對，怎麼能夠擅自奪取呢？對上不爭權，對下不奪利，才是真正的不爭權奪利。

中堅幹部只有盡責的分，不必希求上級授權。盡責任就不會失責，不存心要求授權便不致越權。任何中堅幹部，若是達到「不失責，不越權」的地步，當然不可能「不三不四」。

基層重「利」，實在不必責怪他們。工業化社會，勞工每天從事單調乏味的工作，技術越來越單純，生活越來越刻板，前途茫茫，升遷談何容易？工作重復，樂業也相當困難。多賺一些錢，爭一些福利，應該是最具體實際的。在這種情況下，怎能責怪其重「利」？

要拿「利」做誘因，使基層人員「苦行節用」，遵守制度「兼相愛交相利」，盡心盡力把工作做好；用「責」任感來激勵中堅幹部，使其明白自身所擔負的責任，發揮「法天」、「敬天」、「善補過」的精神，依「仁義」法則，循「和諧」途徑，做好「承上啟下」的轉化。

高階抓住「權」不放，要自己警惕「權利使人腐化」。最好秉持老子的三寶：「一曰慈，二曰儉，三曰不敢為天下先。」「慈」是「天地不仁」的宇宙「大仁」，高階主管首重「立公心」，對所有成員無偏見、無成見，然後才能夠明察秋毫，公正地判斷中堅幹部的「仁」是否合「義」，這樣才能夠防止中堅幹部的偏私(不三不四)；「儉」指「節制」，以免流於奢侈、浪費，因而敗壞社會風氣；「不敢為天下先」意即「無為」，不要「上侵下職」、只求自我表現，使部屬不能合理地有所作為。

在上位者，有所不為，而用天下；在下位者，有所為，而為天下用；在中堅者，有所為有所不為，而治天下；如圖 4-11。這種三階層密切配合，分別發揚道、儒、墨家的精神，各自扮演合適的角色，才能夠高階放心、中堅稱心而基層熱心，上下皆大歡喜。如圖 4-10-2。

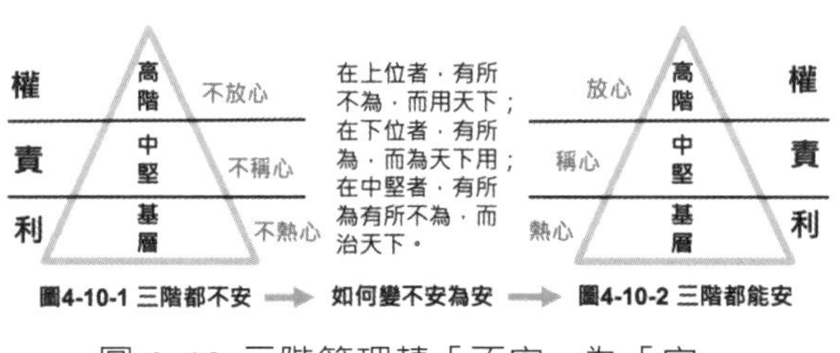

圖 4- 10 三階管理轉「不安」為「安」

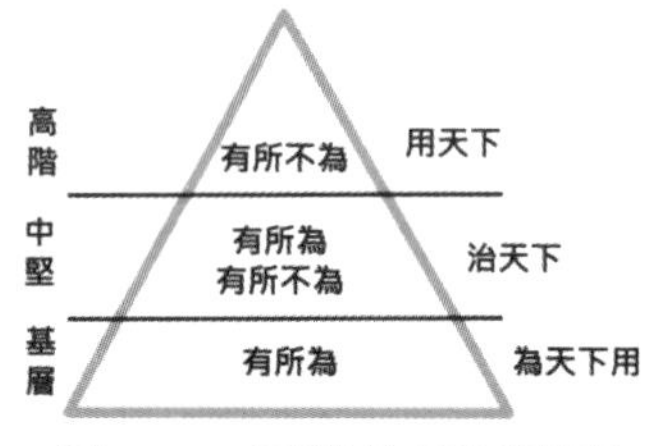

圖 4- 11 三階的不同表現

三、組織的大樹精神

《系辭•上傳》說：「是故易有太極，是生兩儀，兩儀生四象，四象生八卦。」《易經》的造化體系，是先「有」而後「生」，然後由「生」而後「成」。

易「有」太極，肯定宇宙先天「有」太極的存在。孔子為《易經》作傳，用意在為中等智慧的人說法，所以把重點放在「有」上。他認為宇宙原本具有造化萬物的太極，至於究竟什麼是太極，則採「存而不論」的態度。

(一)太極對管理的影響

「太極」陰陽圖的一陰一陽，不用對半分而用反 S 線的狐線分，一方面表示運轉，一方面告訴我們陽中有陰、陰中有陽。

中國人由於受到易經的影響，大多數呈現這種陰陽圖形，所以看起來「是非不分」，造成管理上很大的困難。特別是「陰中有陽，陽中有陰」，更形成我們「是中有非，非中有是」的錯覺，固然是「腦筋轉得過來」，卻也相當容易陷入「同情弱者，而不是同情有理者」的困境。我們說「是非不分」，特別加上「看起來」三個字，表示中國人並不是真的「是非不分」，卻是十分奧妙的「是非難明。」

管理者最好謹記「是非難明」的要義，不是因此而造成「是非不明」，卻是在「是非難明」的困惑中，養成「慎斷是非」的好習慣。最後還是要做出「是非分明」的決策。因為時刻都「是非難明」，就很難做出明確的決策，造成大家無所適從的困境。用「是非難明」來思慮，以求想得周到，仍然需要慎重地「明辨是非」，以明確的選擇來達成清楚的決策。太極表示「是非難明」，經由兩儀、四象、八卦一直分析到六十四卦，應該相當程度地「是非分明」。

絕對之中，並不包含相對；但相對之中，卻顯然包含絕對在內。我們必須學習在「是非難明」的情況下，以「慎斷是非」的態度來「明斷是非」。這種方式，其實最合乎管理的道理。碰到任何問題，不要馬上下判斷，以免魯莽中產生錯誤，而應該慎重地在若干方案中分析、研判。但是最後仍然要在這些方案之中找出可行的定案，亦即明白地判別是非。事實上，圓通的中國人，都是拿這種態度來面對是非的。

代表陰陽的奇畫「—」、偶畫「– –」，通稱「爻」。「爻」這個字對中國人而言，更具有重大的影響。爻字一共四筆，竟然沒有一筆是橫的(—)，也沒有一筆是堅的(｜)，居然每一筆都是東倒西歪的(／、＼)，告訴我們：「人世間沒有問題，幾乎是不可能的；有問題才是正常的。」

中國人滿腦子都是「那可不一定」，象徵「爻」可能向東傾斜，也可能向西傾斜，未必都是正的、直的。在「不一定」當中，找到「一定」的答案，才是真正懂得「那可不一定」的真諦。

(二)三畫卦對管理的啟示

伏羲氏畫卦，畫到三劃為止。因為這時候天地人三才已經形成。一畫象天，包括時間在內；一畫象地，包括空間在內；一畫象人，包括萬物在內。在天成象，在地成形，在人成事，並稱三才。如果再畫上去，就會把事情搞得太複雜了。所以從現在開始，養成把所有問題先列舉出來，依優先順序排列的習慣。然後先提出優先的前三個，以符合 ABC 重點管理的精神。員工針對某一問題，提出若干不同的答案，也可以將有關的答案，依據大家的意見，排出優先順序。然後保留最前面的三個答案，再深入研究，以便找出此時此地這些人認為最為合理的定案。交代要點時，同樣把自己所想到的重點，先列舉出來，排出優先順序，然後把最優先的三個要點，提出來交代。部屬向上司報告時，最好也按照優先順序，把前面三點報告上司。

中國人「無三不成禮」，凡事三思而行，對眾人約法三章，和三畫卦都有相當密切的關係。就組織而言，劃分為「高階」、「中堅」、「基層」三個階層，彼此靈活配合，成為易經管理很大的特色。

(三)八卦樹狀分布圖的應用

太極生兩儀、兩儀生四象、四象生八卦，自身就具有生生不息的作用。八卦樹狀分布圖(如圖 4-12)。表示「易氣由下生」; 把太極置於底部，象徵「根本」，就是中山先生所說的「生元」; 太極動而生電子，正如太極生兩儀，然後向上發展，由兩儀而四象，由四象而八卦。

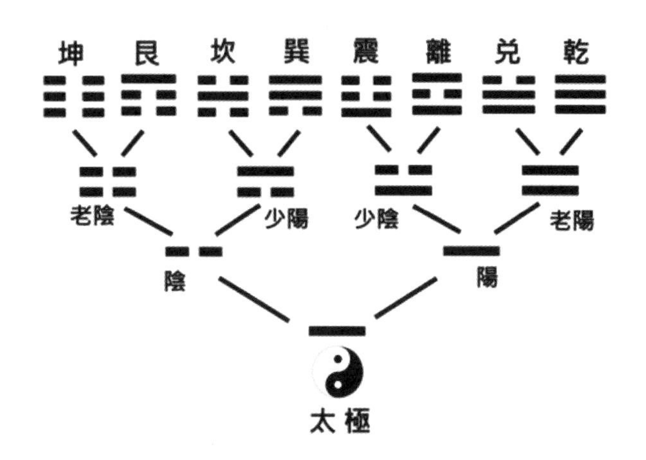

圖 4- 12 八卦樹狀分布圖

這種樹狀分布，應該是「易經管理」中組織的主要精神。可惜大多數組織，實際上並未按這種精神來運作，以致首長「關起門來稱孤道寡」的「皇帝心態」十分濃厚，幾乎忘記了「重視基層反應」的重要性。

一般組織，大多採取金字塔的結構。首長高高在上，依職能分成若干部門，然後向下發展，把基層人員壓在最底下。如果拿《易經》觀「象」的眼光來看，究竟「像」什麼呢? 猛然間看過去，像不像一串粽子? 如圖 4-13。

這一串「粽子」，只要首長用手提住，每一個「粽子」動不動都一樣，看不出來。反而不可以過分地動，否則就有斷線脫落的危險。這種粽子式的組織固然控制緊密，一層壓一層，卻絲毫不能激發員工的幹勁，大家混一天算一天；越是基層，越有「反正一切由上面負責，不用自己操心」的念頭，天天「不知道為什麼要這樣做」而「天天就這樣做下去」，難怪大家都不熱心，做得並不起勁。

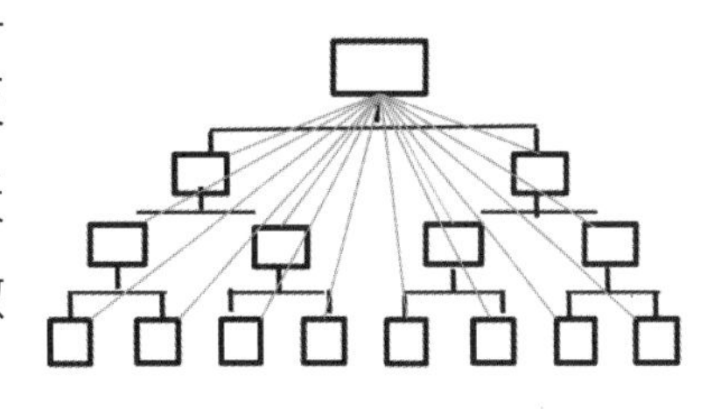

圖 4- 13 一串粽子般的組織

依照八卦樹狀分布圖的「由下而上」精神，組織應該調整過來，把首長放置在「根本」的地方，發揮「樹根」的功能；各階層主管，一層一層向上發展，構成「樹幹」，所以稱為「幹部」；最上端的枝葉，才真正第一線的人員。我們常說「顧客如雲」，便是深知顧客至上的道理，把客戶捧得高高的，如圖 4-14。

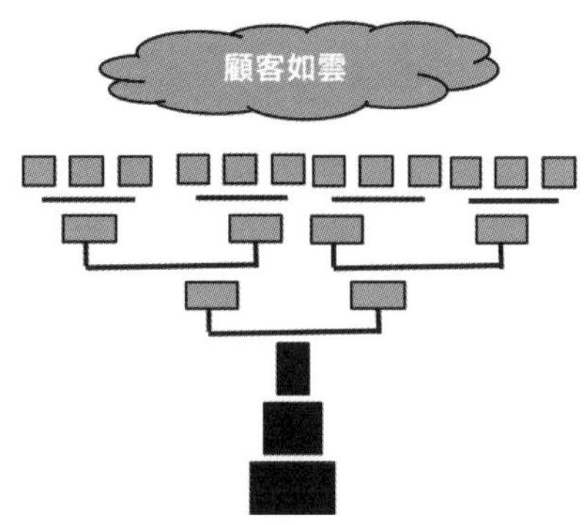

圖 4- 14 樹狀的組織

樹根代表董、監事會，正如太極涵陰、涵陽。董事、監事既矛盾又統一，只是最好不要鬧成對立。因為董事、監事親如一家，固然非公司之福，勢如水火，也不是好事。樹根是公司的基礎，為生長的總源頭，只要董事會、監事會存在，公司就會欣欣向榮，就算略有枯萎的現象，春天一到，公司很快就會復甦。

我們最害怕聽到這樣的話：「你好好做，我就用你；你不好好做，我就叫你走路。」我們最喜歡聽這樣的話：「我支持你，你盡管放手去做!」

易氣由下生，各階層主管，都支持次(上)一層主管去發揮，這種「樹根支撐樹幹，樹幹支持枝葉」的精神，正適合我們的組織。

當然各級人員應該在主管的支持下，充分發揮自己的潛力，好好去表現，整棵樹才顯得蓬勃有生氣。一方面樹幹不與枝葉爭綠，幹部不能搶奪部屬的功勞；另一方面枝葉也必須努力向上生長，員工自己應該力爭上游。組織在互依互賴當中，各自盡心盡力把工作做好，才真正發揮組織的樹狀精神。

現在的怪現象，是樹幹拼命想「做秀」，表現得比枝葉更翠綠。主管只顧表現自己，部屬冷漠地袖手旁觀就成了十分自然的反應。

這種作風繼續惡化下去，那麼有一天樹根也要鑽出地面，大大地表現一番。結果，這棵樹越大，便倒得越快。所以，每一級主管都應該把表現的機會讓給部屬，讓他們好好去表現。滿樹繁花 果實累累，才是組織成員總動員的成果。

四、管理者應效法天地能屈能伸

(一)頂天立地

乾卦的「乾」，是健的諧音。《象傳》說：「天行健，君子以自強不息。」「天行健」，可以用日月的運行來證明。日月屬於天象，而日月的運行，從混沌開闢以來，就沒有停息過。君子行為處世，也應該學習這種不停滯的精神，不因任何挫折困難，而改變自己的志行。「以」的意思，是仿效。仿效天的樣子，自覺地自強不息。

坤卦的「坤」，是柔的意思。和乾卦相對來看，乾剛坤柔。天剛健主動，常處於領導地位；地柔順主靜，常處於順應的位置。但是坤雖然柔順，如果不帶幾分剛性，也難以始終不渝。譬如忠臣不事二主，烈女不嫁二夫；若是只能柔順，卻沒有臨死不屈的剛強力量，到頭來也不能貫徹始終。反過來說，歷史上的奸臣，為了逢迎君王，無不極力柔順。一旦不能達到目的，其殺害君王的手段，也最為殘酷，可見柔順之中，同樣帶有剛強的性質。《象傳》說：「地勢坤，君子以厚德載物。」地的形狀，原本直方大，並不柔順。《易經》只說「地勢坤」，而不說「地形坤」。意思是原來不柔順的，遇到天的形勢，才相對地柔順起來。君子處於坤的地位，應該仿效地柔順，用厚德來載物。

把乾卦和坤卦的「象傳」合起來看，不難看出能屈能伸的丈夫氣概。當然於乾卦的位置，必須能伸；而處於坤卦的地位，那就需要能屈。中國人大多能屈能伸，便是受到《易經》的影響，如圖 4-15。

(二)效法天地之德

高懷民先生指出：大易並非要勉強人去效法天地，而是基於人性的自覺，在天地的孕育當中長成以後，自然而生的要對天地盡大孝。盡大孝便要效法天地，以天地的德行來做為人的德行。所以孔子說，「大人者，與天地同其德。」實行這種天地的德行，便是幫助天地行事，即為贊天地之化育。

圖 4- 15 頂天立地

然而效法天地，對天地盡大孝，並不表示人必須永遠屈居於天地之下，那是一種病態的觀念。請看為子女的，哪里有永遠屈居於父母之下的意思。父母與子女是一個和諧的家庭，天地與人是一個和諧的宇宙，人在效法天地中求進步，正如子女在父母教導下求進步一樣。天、地、人三才，並不表示人要與天、地三分天下，只是由於人長大了，有了參贊天地的能力，開始要分擔天地之道，但基本觀念，仍然落在與天地合一的和諧立場。

天地的大德，在化生萬物。孔子在《彖傳》中特別指出「大哉乾元，萬物資始」。意思是天原本是一種形體，並沒有什麼具體的作用。但是乾有元、亨、利、貞四德，其中的元，就是乾的基本精神。由於具有這種基本精神，所以能夠創造萬物。「萬物資始」就是說宇宙萬物，都是依靠乾創造出來的。「元」是創造萬物的精神，「亨」是創造萬物的行動，「利」是平息爭訟的關鍵，而「貞」則是公正無私的表現。

宇宙萬物之中，只有人的創造力最強，自主性也最高。人如果完全仿效天的自強不息，勢必人定勝天。創造過頭，把天地都破壞掉了，違反大自然的法則，對人也十分不利。若是完全仿效地的柔順，固然可以厚德載物，卻也不能維持生生不息的宇宙，求其永恆。這種天定勝人的結果，也將破壞天地的生養能力。因為自然一方面十分偉大，一方面也十分無情，不能夠完全聽其擺布。人同時仿效天地，順其自然而創造，才是天、人、地三才的最佳配合。

乾卦的理想領導人物，必須與天同德，並且與人同情。既能夠為天地立心，也能夠為生民立命。孔子在文言中列舉四個必備的條件，分別為與天地合其德、與日月合其明，與四時合其序、與鬼神合其吉凶。如圖 4-16。一個人真正做到像天那樣大公無私，像鬼神一樣能夠預知吉凶，必然能夠出現先天獨特的見解，或者後天依理而得其宜。

圖 4- 16 領導者的要件

(三)追求三才配合

經營者是企業的領導者，應該自命為企業的天，要經常像天一般剛健，企業才能夠像天地自然那樣地發展。

顧客對企業而言，也是企業的天。這時候企業應該像地那樣地順從天意。以求共存、共榮。大地養育豐富而多樣的產物，以滿足所有生物的需求。企業也應該生產多樣豐盛的產品與服務，以滿足顧客的需求。

企業的經營管理，組織的生存發展，無不以人為本。人應該充實自己的實力，抱著參贊天地之化育的心情，扮演好自己的角色，做到孔子所說的「君君臣臣」。「君君」的意思，是上司必須像上司的樣子，不能夠上侵下職，把自己扮演成部屬的角色，使得部屬根本沒有辦法做好自己的工作。「臣臣」的意思，則是部屬應該像部屬的樣子，不可以一味柔順，盲目的服從，或者從同仁那邊學得一些不良的習慣，喪失了原有的直、方、大，反而十分不利。

管理者應該以《易經》所說的「大人」自居，以求發揮「利見大人」的功效。大人與我們通常所說的君子有何不同？君子表示有志向修養自己的品德，而大人則是道德修養有大成就的君子。一個人，只要有志求道，認真修養自己的品德，基本上已經是君子了；若是在實踐方面，能夠持久有恒，應該可以稱為大人。在精神方面，管理者應該是人上人。因為品德修養必須高於常人，這樣才能夠以身作則，成為員工的表率。但是，在物質方面，仍然保持人中人，和一般人不需要有什麼不同。這樣才不致和員工拉大彼此之間的距離，彼此容易接近，顯得有良好的親和力。

管理如果是三才的配合，天時、地利，加上人和，管理的效果自然增強。幹部居於老板和員工之間，不應該上爭老板的權、下奪員工的利，也就是不能夠爭權奪利，才能夠上下配合、各盡其分，從而圓滿實現預期的任務。

第五章 三階層職務特性

為上者本來應該「放心讓在下者全力去發揮」，現在卻反過來「把部屬的工作搶過來做」。這非但不能提升自已的聲望，反而貶低自己的地位。但是，看不懂的人，還會恭維他們勤勞、認真、沒有官架子，可見其判斷的水準，實在不夠高[31]。

易經講求「管理是組織內三個不同特性的階層，各自扮演不同的角色，在各人的崗位上為共同的目標努力，以求得密切而良好的配合」，因此高階必須像高階的樣子，只應該做好自己分內的工作，不可以憑借權勢，搶奪中堅幹部的工作。因為一旦「上侵下職」，中堅幹部覺得沒有面子或者閑得無聊，就會不三不四，弄得大家傷腦筋。如果中堅幹部也仿效高階主管的行為，向下搶奪基層人員的工作，那麼基層無事可作，因而游蕩閑闖，所導致的問題，必然更加嚴重。

基層「務實」，中堅「不執著」、高階「中庸」，構成三個互相配合的階層，基層一切守法，中堅所重在理，要把基層所守的法調整到合理的地步。由於理不易明，所以容易「不三不四」。高階「深藏不露」，有能力判斷卻不輕易把答案說出來，幹部才會謹慎、警惕、處處用心。

組織三階層各有不同的特性，所以稱為三才。這三種不一樣的才能，並沒有高低、好壞、善惡的差異，只是所處的位置不同，必須有不一樣的行為表現才能恰如其分。

一、高階主管的特性

(一)深藏不露

中國人只說「九五之尊」，如圖 5-1-1。沒有人說「上九之尊」，如圖 5-1-2。因為我們明白「物極必反」的道理，盡量使自己「不要過分膨脹」。特別是大權

---

[31] 資料參考引用自 曾仕強 博士所著「洞察易經的奧秘」易經的管理智慧，p115-138

在握的老板，更不應該把自己看成「無所不知、無所不能」的「先知」或「萬能」者。

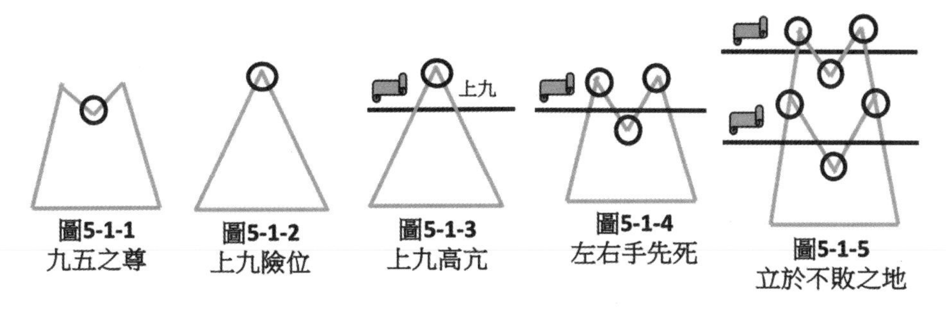

圖 5- 1 高階主管的行為運作

九五型領導者，要有能力卻不能隨便表現，有擔當卻不能隨便承擔。有魄力卻不能輕易顯現。老子所說的「深藏不露」，實際上含有三大要義：

1、 領導者必須有能力、有魄力，也有擔當，否則就沒有資格說什麼深藏不露。根本沒有能力，深藏什麼呢? 根本缺乏魄力和擔當，有什麼好深藏的? 露吧，再露也不過如此，何必費心講求深藏不露之道。

2、 深藏不露的真正用意，在露得恰到好處。左右手能夠承擔的工作，為什領導者要自己去做? 相反地，左右手實在無能為力時，領導者又為什麼不能及時露一手? 如果不論什麼情況一律深藏不露，那麼，有沒有能力與魄力，是不是能擔當，又何從分辨?

3、 中國社會，凡是話說得愈狠、叫罵得愈凶的，往往是形勢較差的一群。真正具有實力的領導者，在一般情況下，根本用不著逞凶鬥狠。愈有權勢，愈可透過不同的管道，委婉的表達意見，因為這些有權勢的人，擁有深藏不露的本錢，大可以和諧地處理一切事項。

領導者希望深藏不露，必須參照乾卦九五爻辭：「飛龍在天, 利見大人。」意思是說：「九五是領導者的位置，上合天心，下順人情，以居至尊的地位。利見大人，意指必須獲得大才大德的高級幹部來輔助，然後可以無為而無不為。只有「知人善任」的領導，才能邁向人力自動化管理的境界。

有意成為九五型的管理者，必須好好體會「深藏不露」的道理。有能力、有膽量、有魄力，不一定就是優秀的主管，原因眾人不一定信服。不隨便表現，其實是尊重大家，具有謙虛的美德。深藏不露當然不是完全不露，而是站在不隨便露的立場，來尋求合理的露，只要露得合理，切合時間、空間和事務的性質，大家通常都比較容易信服。九五型主管最大的特色，便是凡事先想尋找合理的人，而不立即思索解決問題或者處理事務的方法。以人為先，透過這些合適的人，去做出合理的事。

喜歡站在上九位置的領導者，不妨留意乾卦上爻的爻辭：「亢龍有悔。」意思是說：「上九居全卦之終，乃是亢極的位置。現代知識爆炸時代，各有專精，領導者不可能全知全能。如果事必躬親，勢必有所遺漏或缺失而招致悔憾。領導者讓開一步，以不管之管來促使幹部自動自發並且竭盡所能，才是不生之生的精神，這樣便可無悔。

(二)假手他人

老板的位置，如果高高在上，要親自指揮、監督，要負起一切成敗的責任，那麼就像置身於高山上的「亢險」位置。自己站在一頭上，推土機一來必然首先把他推掉。當到老板，還要在被推掉之後，來寫「反敗為勝」這樣的書，一般人當然不願意。

好不容易當到老板，最好明白乾卦「上九，亢龍有悔」的警語，記住「九五，飛龍在天」的啟示，把自己深藏在「九五」的吉位，一本天理民情，做到剛柔並濟，看似無為卻無不為。

老板站在九五位置，讓得力的幹部站在上九的位置，自己凡事留有緩衝的餘地，才不致逼死自己。

上九的位置，如果只讓一位幹部站在那裡，這位幹部豈不成了「太上皇」？這時候老板等於自己又找一個老板，無疑是自找麻煩。

一位高明的老板，至少同時讓兩位得力幹部站在上九的位置，稱為「左右手」。左右手可以合作，也可以互補，不會造成「非我不可」的不利局面，位居「上九」的領導者，推土機一來，馬上把他推掉，想躲都躲不掉，如圖 5-1-3。這種情況，我們稱之為「上台容易下台難」。職位越高，越要想辦法讓自己「全身而退」，以免在位時被腰斬成三段，可憐而不值得同情。這樣的領導者，完全欠缺「深藏不露」的修養。

深藏在九五的位置，領導者能「立於不敗之地」而高枕無憂．因為一天 24 小時當中，推土機來的的時候，會把左右手先推掉，如圖 5-1-4。領導者見機行事，再深藏起來，另外安置兩位新的左右手，又是一番新氣象。萬一推土機再來又把新的左右手推掉，自己還可以安然無恙。這種道理，通俗地講「死道友，不死貧道」，如圖 5-1-5。這些道理初聽起來，覺得好像很陰險奸詐。但仔細想起來，如果真的陰險奸詐的領導者，只有傻瓜才肯替他做左右手，真的是傻瓜，推土機來的時候，他就不傻了，不是逃之夭夭，就是舉手投降。一下子就推到領導人頭上，再怎麼深藏，也沒有用。

為什麼左右手願意替老板賣命? 必須他要做到公正而誠懇，才有人願意為他日夜苦守在亢險的位置上。左右手守在那里，自然有員工組成派系來依附他們。領導者不動聲色，冷眼旁觀，從派系的流轉，可以看出左右手的忠誠與能力，從而決定把什麼樣的任務，指派給他們去完成。

要當左右手的高階主管，必須自己慎重考慮，衡量利害得失之後，才能夠決定。因為與最高主持人的關係，夠不夠密切? 彼此的默契度如何? 能不能互相信任? 只有當事人心知肚明，其他的人實在很難判斷。最好是處於「士為知己者死」的狀態，才來擔當這樣的重責大任。做得好，不過是善盡輔助的職責。萬一做得不好，就要隨時接受「棄車保帥」的命運，黯然下台。所以決定以前，最好對最高主持人的禮遇和信任，再做深一層的評估，有必要才答允，否則便應該婉拒，以確保慎始善終，不致害人也害己。

九五之尊的最大信條，便是「可以想，不可以親自去做」，領導者擁有很大的自由，可以想任何點子，卻必須透過左右手去推動。九五型領導者最要緊的事情，便是明確地判定：「這件事交給誰去推動比較合適。」

事情順利成功，是領導正確方針的功勞；事情失敗，那是推動者的過失，與領導者無關。此時推動者為了表示負責，可以請求辭職；而領導者則視情況，予以慰留或照準。這種領導人有權無責、推動者有責無權的現象，西方管理學者或許嗤之以鼻，但就易經管理而言，只要大公無私，有什麼不可以? 主要有三大原因：

1、 共識的建立，很不容易。中堅幹部要具有認錯的勇氣。為了求正確，朝令夕改又何妨? 高階常常認錯，行嗎? 領導者朝令夕改，組織成員會不會惶恐不安呢? 中堅幹部朝令夕改不要緊，只要高階主管堅定不移，大家仍舊有信心。

2、 在社會與職場，要冒出頭很不容易，要掉下去輕而易舉。好不容易產生一位大家認同的領導者，最好設法讓他領導一段比較長的時間，以免因為領導者的更替而消耗了眾多的時間和人力。減緩社會(企業)的進步。領導者在位太久，會出毛病；領導者常常換人，問題更為嚴重。

3、 大家對領導者有信心，推動起來，比較順利有效。易經管理一向「理念」重於「政策」。政策錯誤，左右手必須負起全部責任；理念不正確，領導者就要暗然下台。領導者以理念領導，有權無責，比較安全而持久。

(三)培養核心團隊

乾卦二、五兩爻的爻辭，都出現「利見大人」，如圖 5-2-1。彼此相呼應。意思是部屬(九二)選擇老板(九五)，而老板(九五)也在選擇部屬(九二)，彼此都認為「合算」，才會合理地密切配合。

幹部慎選老板，老板在考驗中信任幹部，彼此互依互賴，形成「核心圈」，如圖 5-2-2。我們稱之為「班底」。沒有班底的老板，有許多事情行不通；擁有班底的老板，又往往為班底所拖累，這是老板的「兩難」。很多老板對自己班底又愛又恨；因為一方面不容易掌握，一方面似乎又非有不可。

九五型領導者，最要緊的是：知人善任。經由考察和驗證，建立「公的班底」，以期避免造成「私的班底」。

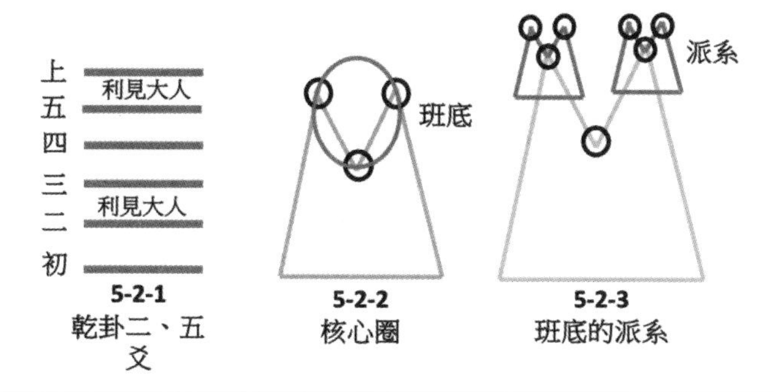

圖 5- 2 高階主管的核心團隊

凡是以「同鄉、同宗、同學、同事、同好、同年為考慮因素而建立的班底」，都帶有相當濃厚的「私」心，不大可取。這一類的班底，遲早會增添麻煩、製造問題。賢明的領導者，必須時時提高警覺，千萬不要走上這條路。

拿工作表現及處世能力做標準，在工作中自然形成班底，大家都一本公正、別無私心，這才是最好的「公的班底」，彼此都懷抱平常心，自然不致因私害公。

太早建立班底的人，很難到達九五的位置。因為眾人害怕他會受到班底的瞞蔽，無法用人唯才；同時也擔心他一上來，原本那一個班底都跟著上來，造成「一人得道，雞犬升天」。

到了九五之尊，還沒有班底，請問如何推動工作？這樣不是累壞了自己，就是由於照顧不過來而不得不下台。

「時」、「位」配合，班底該隱即隱，該現即現。「派系」要似有若無，而且具有「見風使舵」的特性，便是因應整個大環境的需要，有以致之。

九五的班底，自然有派系來依附他們。九五利見大人，就是班底會有意無意地動員他的派系，來擁戴九五。萬一班底之中，有人動員他的派系，向九五施壓，甚至存心叛逆，那就不是利見大人了。

班底既然有派系前來依附，可能也會形成小班底；只要不過分明顯，九五應該有寬宏的肚量，不置可否。如圖 5-2-3。

往往一項政策，對某一派系有利，而對其他派系有害。這時候班底之間，出現某種程度矛盾，九五之尊就要設法擺平，不要引起太大的衝突，以免形成班底之間的激烈鬥爭。

班底單一化，大家一條心，不見得好。班底對立化，彼此搞鬥爭，必然有害。九五的擺平，其實也是一種「合理的不公平」。使大家分中有合、合中有分。有共識而又彼此有不同意見。一切秉公，但是有差異性的主張，才是有利於「安定中求進步」的組織狀態。

作為非正式組織而存在的班底和派系，到底應該如何看待呢？有人懷疑熱衷於此道者，無不是為了升官發財，而且這一類班底和派系容易產生不正當的關係，反而危害組織的正常運作。事實上，班底和派系幾乎不可避免，何況是升官發財必需，只要行得正，取之有道，未嘗不是激勵上進的一種動力，至於關係，若是公正地見風轉舵，對組織的正常運作和發展，將具有正面的影響。九五之尊，不但不應該壓制它，還應該善用它，化阻力為助力。

二、中階主管的特性

(一)容易不三不四

前面已經提過「不三不四」就是「不仁不義」。中堅幹部位居一卦的三爻與四爻，稍為不慎，立即陷入「不三不四」的困境，如圖 5-3。我們不說「高堅」，也不說「基堅」，只說「中堅」，實在是十分明白「中堅幹部」的艱苦處境。依「天、人、地」三才而言，天好做、地好做，人最難做，正好印證「中堅」(人)比「高階」(天)、「基層」(地)要辛苦得多。

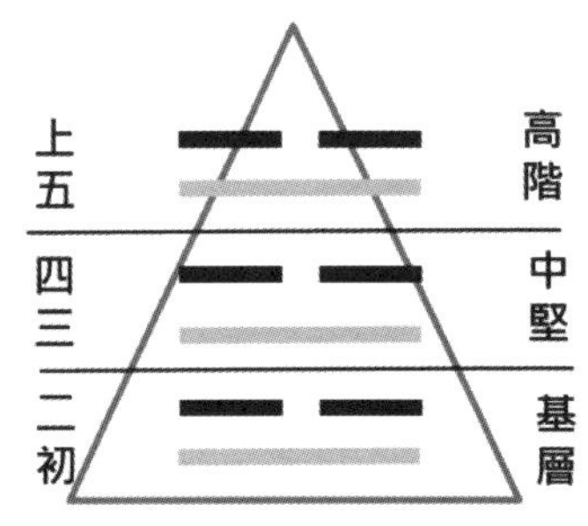

圖 5- 3 中堅主管的位居「三、四爻」

高階說變就變，常常弄得中堅不知所措。於是有些中堅幹部，抱持這種心態；「老板喜歡變，上午剛剛決定的事情，中午就會變更。既然如此，我不如動作慢一些，不要去做他上午決定的事情。反正他中午就會變更，等待他變定了，我才去做，豈不是省事，也更有效？」這種念頭，看起來相當聰明，實在就是不三不四。提醒中堅幹部，在心理上要正確地認清：「幸虧老板會變通，我們公司才有前途。萬一老板不會變，我們跟著他，恐怕只有死路一條。」

中堅幹部不但不可以埋怨高階善變，反而應該心懷喜悅，慶幸自己追隨善變的老板。因此對老板決定事情，要及時去推行；老板改變主意，自己才跟著調整或改變。事實上中堅幹部執行得越快，老板越不敢輕易亂變。所謂「朝令不妥，夕改又何妨」，如果不是自我解嘲，便是幹部執行不力。在還沒有造成事實之前變更，當然沒有什麼害處。老板和幹部，原本就是互動的。中堅幹部越勤快，老板的決策越謹慎；老板的決策品質越差，中堅幹部的執行越不力。

高階喜歡當好人，幹部心里好笑：「你聰明，處處當好人，要我來做壞人?我也不笨，把真相抖出來，基層員工就會明白，原來你才是大壞人!」這想法是不錯，也保證行得通，可惜又是「不三不四」的行為。到底高階當好人比較好，還是中堅幹部當好人比較好，我們用下面的例子來分析：

曾強是某家公司的一級主管，經常做好人，要二級主管當壞人。當時有六位二級主管，其中一位二級主管李四非常不服氣，在忍無可忍的時候，對其主管曾強提出抗議說：「你老要做好人，把我們當傻瓜?」

曾強在面對同仁的質疑時，便在白板上畫了一個大十字，說：「這是四象，就是四種現象。我問你：我們兩個都當好人，究竟好不好?」邊說邊在第一象限劃上兩個圈圈，表示兩個好人，如圖 5-4-1。

李四回答：「這樣不好，太鬆了，大家會亂來」。曾強接著在第三象限劃上兩個叉叉，象徵兩個壞人，並問李四：「我們兩個都當壞人好不好呢?」如圖 5-4-2。李四毫不猶豫地回答：「也不好，太緊太嚴了，大家會吃不消。有話不敢講，溝通管道不可能暢通。」曾強對李四說：「可見你是一個明白事理的人。現在第一象限和第三象限都不成立，只剩下第二象限和第四象限，不是我當好人你當壞，就是我做壞人，你當好人(如圖 5-4-3)。現在這樣好了，你當好人，讓我來做壞人，你看怎麼樣?」。李四聽完之後，立刻回答：「不要，不要。還是你當好人，我做壞人比較好。」

這位一直不服氣的二級主管，終於明白「好人難當，壞人好做」的道理，心甘情願地繼續扮演「壞人」的角色。

好人難當，因為高階要有一套當好人的本領，使幹部能夠長期地充當壞人而不覺得痛苦，即善於收拾場面，使幹部不致遭受誤解，甚至受到惡意的打擊。壞人好做，因為「破壞終歸比較容易，事後的建設才是困難重重」，幹部依法執行，上級好意善後，這才是最佳拍擋。

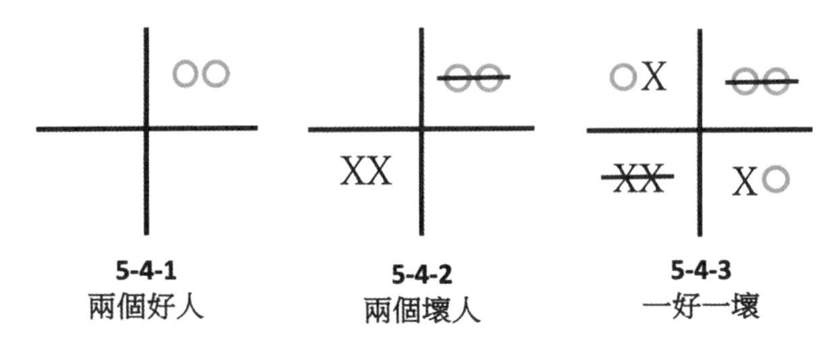

圖 5- 4 好人難當，壞人好做

(二)上壓、下頂、左攻、右擠

中堅幹部的處境，不外乎「上壓、下頂、左攻、右擠」，如圖 5-5-1。有些人始終耿耿於懷，抱怨高階的壓、基層的頂，以及平行單位的攻擠，弄得情緒不好，無心辦事。這種怨責，也屬於「不三不四」的情緒反應，根本無濟於事。

首先，在心理上要調整過來，因為上壓、下頂、左攻、右擠，都是十分自然的現象，要認為「本來就這樣，有什麼稀奇」，自然心平氣和，能夠合理的因應。

上壓，上級為什麼要壓？想想看，站在上面的人，如果不用力向下踩壓，怎麼知道下面緊密不緊密？可見高階催促、質問、施壓，目的在於了解中堅幹部有沒有盡力？能不能確保成果與品質？

下頂，下屬為什麼要頂？理由十分簡單：「他如果不頂，遲早會被上面壓死！」一般人很會「哇哇叫」，有一點病痛，呼叫老半天。上級交代部屬做一點事情，部屬往往叫苦連天。其實，會呼叫的才不會死，乃是一種「預先警報系統」的裝置。

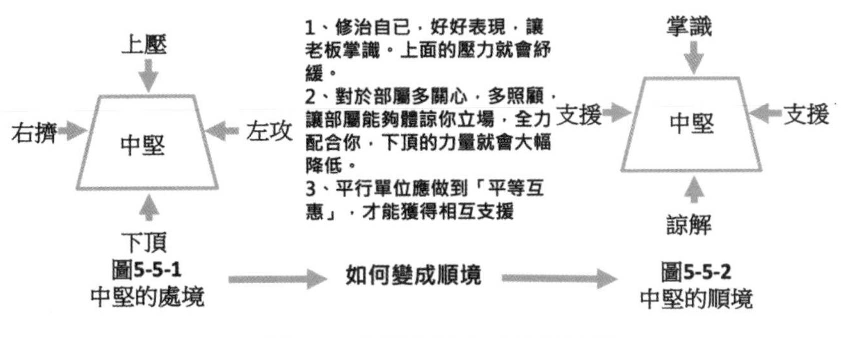

圖 5- 5 中堅主管的處境與順境

一位部屬，當主管交給他工作時，絲毫不知叫苦。主管心裡必然認定他的工作負荷還輕，於是再找一件工作給他，這時部屬依然不知叫苦。主管再次交辦工作，才發現他沒有來上班，住院治療去了，主管帶著鮮花、奶粉去醫院探望他，多半會埋怨他：「為什麼不吱聲呢？我要是知道你已經夠累了，就不會再增加你的工作負荷了！」

由此證明，身為中堅幹部，不但不要埋怨基層員工做一點事情就叫苦連天，而且自己也應該好好設置預警報系統，做到「及時吱聲」，才能夠確保自身的安全。

事實上，每一個人都需要這一類的保全系統。不過，「時」的掌握與調整，十分重要。叫苦叫得太早，就變成「狼來了」，弄得自己信用破產，有朝一日，活活被累死，也是活該；叫苦叫得太遲，一發出聲音，緊跟著就掛急診，顯然和自己過不去。主管的心情，環境的變化，以及事情的緩急，也是考慮的要素，不能夠一成不變地依照固定的標準發出警報，才是合理的措施。

左右攻擠，也是理所當然。我們不是時常鼓吹競爭嗎？口口聲聲「競爭才能進步」，就無法避免平行單位的彼此攻擠。反過來想想自己，是不是也有意無意地攻擠同事呢？如果自己都免不了如此，又哪里怨得了別人。

(三)面對現實化解一切困難，轉逆為順

中堅幹部，要明白「上壓、下頂、左攻、右擠」雖然都是「逆」境，但也都是相當自然的狀態，這時候再來設法改變，應該是比較容易的事。怎樣改變呢? 依據「目標管理」的精神，先設定改變的目標，分別為「上司對我賞識」、「部屬對我諒解」，以及「平行單位樂於支援」。相信這種情況下的中堅幹部，必定稱心如意，把工作做得更順利、更有效。如圖 5-5-2。

易經的道是源於陰陽，有陰便有陽。高階對中堅，可以施壓，也可以賞識。中堅幹部受到高階的賞識，好像就能夠適時解壓，不再承受上級的壓力。

高階主管，一看某些中堅幹部，馬上追問、催促，甚至責問、挖苦，弄得中堅幹部苦惱不堪。相反的，如果看到某些中堅幹部，卻笑容可掬，再三感謝，要他休息一下，不可以過度勞累。這不是「不公平」，而是「合理的不公平」。因為這些中堅幹部，已經夠用心、夠盡力，老板除了表示慰勉之外，幾乎沒有什麼好說的。

中堅幹部要解除來自上方的壓力，最好的辦法便是修治自己、好好表現，使老板「賞識」而解壓。

至於部屬方面，我們也發現，在某些情況下，基層對中堅的反彈會減到最低，甚至出現「不頂」的現象。

中堅幹部如何對待基層，才能使其不頂呢? 有人認為如果基層口服心服，自然不頂。這種念頭固然正確，卻未免過於理想化，事實上很難做到。有人認為中堅幹部要讓基層敬佩，就可能不頂。這種情況也不容易實現，因為一般人不輕易敬佩人。中堅幹部不太可能做到讓部屬敬佩，也用不著這樣苛求自己。

一般來說，主管如果關心部屬，盡力照顧他們。部屬對於主管，就會覺得：「雖然我的意見和你有一些出入，不過，你平日這麼照顧我，我當然不至於堅持自己的立場。無論如何，總該體諒你的立場和處境，盡力配合你，盡量照著你的意思去做。」

中堅幹部贏得基層的「體諒」，不但比獲得部屬的「敬佩」要容易得多，而

且對實際工作上的幫助也很大。只要基層員工體諒中堅幹部，頂的立量就會大幅度減低。幾番互動，基層知道頂與不頂並沒有多大差別，自然就不頂了。

至於左右支援單位，必須居於「平等互惠」的條件，才能夠成立。若是自己處處想佔便宜，時時要求別人支援，卻從來不支援別人，恐怕左攻右擠的局面，不但會長期持續下去，而且攻擠的力量，也會越來越大。

中堅幹部想要獲得平行單位的支援，事實上要比贏得上司的賞識與下級的諒解更難，因為上下之間，彼此多少有一些顧忌，不敢做得太過分。而平行單位，大家一般大，誰怕誰? 往往明爭暗鬥，令人傷神。

易理告訴我們，宇宙是一元的有機體，是一個動態的集合體。宇宙萬象的中心點，便是太極。由太極延伸而成線，線的兩端即為兩儀。由線交織而成東西南北四個方面，成為四象。有東西南北，便有東南、東北、西南、西北。四方四角構成完整的體，即是八卦。八卦交互配合，推移演變，八八相重，化成六十四卦。便是宇宙動態的集合體。集合體的生存，有賴於動，而動的變化，卻不是固定的。《系辭．上傳》所說「剛柔相摩，八卦相蕩」，意思是說：由調節來獲得平衡。

依據易理，中堅幹部和高階、基層以及平行單位的關係，都是互動的，而且時時都在變動。今天獲得高階的賞識，不代表高階從此不施壓；已經得到基層的體諒，也不能保證基層從此不再抗拒或頂撞；平行單位互相支援，同樣不表示彼此不再攻訐或擠壓。中堅幹部應依易理行事，自然能夠注意調整，在合理的運作中獲得平衡。

三、基層員工的特性

(一)警覺性要高

依據易理，基層依「地」道而行，最好按照「坤卦」的指示，養成良好的務實習慣。不但要讓上級覺得靠得住，而且要隨時提高警覺，及時發現異常狀況，做出合理的因應。

坤卦由坤上坤下所構成，上面是「地」，下面也是「地」，所以叫做「坤為地」。初六爻的爻辭：「履霜，堅冰至。」意思是說：「當我們的腳踩踏著地上的霜時，就應該警覺到堅冰的季節很快要來臨了。」

坤卦六爻皆陰，象徵陰寒之氣。初六爻剛剛開始把空氣間的水分凝結成霜。象說：「履霜堅冰，陰始凝也，馴至其道，至堅冰也。」馴的意思，相當於漸次。陰寒的氣，剛剛開始凝結成霜，漸次長盛起來，勢必逐漸演進到堅冰的階段。

這種自然的現象，我們要把它所象徵的道理，應用到人事上面。基層員工，對於這種「防微杜漸」的道理，至少要妥善應用到下述三方面：

第一、主管交辦違法的事情，最好提高警覺，予以杜絕。

當基層員工接到主管交辦違法的事情時，最好提高警覺，予以杜絕，但是在技巧上，應該避免一般人常犯的毛病：「馬上把他揭發出來，往往導致傷害了上司，也妨害了自己的前程。」

接奉上司交辦違法的工作，首先必須提醒自己：「我已經踩到霜了，寒冷的堅冰，很快就會來臨。」只要自己昧著良心，把這一件違法的工作做好，主管以後就可能把所有的違法的事情，都集中指派給你，終於把你送入牢獄，忍受冰冷的日子了。

上司交辦違反法令規定的事宜，部屬應該如何因應呢? 有人也許會理直氣壯地說：「當然應該把它抖出來啦! 身為上司，居然存心違法，而且指使部屬去做，人人得而誅之。」現在有些人動輒公開有關者的名單，實在是「以小人之心，度君子之腹。」處處把人家當成大壞蛋。

上司交辦違法的事情，可能有二種情況，一是「存心」，一是「無意」。上司存心交辦違法的工作，固然十分可惡，但萬一他純屬無意，只是不清楚有無違法，那就真的無可諒解嗎? 為什麼當部屬的，一開始就要不相信主管，非立即把他「置之於死地」不可呢?

陰陽文化，有陰即有陽。我們絕不否認，有存心叫部屬違法的上司，但是也深信，更多的是無意中令部屬違法的主管。

接奉違法任務的部屬，當然要提高警覺，否則將來害死的是自己，誰也救不了。不過，因應的態度，最好是：「不要做，也不要說」。

不要做，千萬不可以做，做了，不但害了自己，而且也連累了主管。這種唯命是從的部屬，有一天會成為主管最痛恨的「不負責任者」。「叫他這樣做，他就真的這樣做。為什麼不查查法令？為什麼不動動腦筋？算我倒霉，竟然遇上這樣的部屬！」

那為什麼不要說呢？因為一說出來，可能產生兩種惡果：一是主管的上司原本有意修理他，正好趁機將他治罪，說的人就成為被人利用的工具；一是主管原本可能存心如此的，這時候可以改口說他不清楚法令。他到處訴苦：「他是承辦人員，最清楚法令規章，如果違法，應該告訴我，我就會下令停辦。沒想到人心這麼壞，在我面前唯唯諾諾，在我後面造謠生事，一心想要害死我」。只要主管人際關係良好，他沒有事；說的人以後的日子將十分難過。而且別人聽到了，也提高警覺，盡量不要用這種賣主求榮的部屬。這樣做了，將來的升遷真是比登天還難。

現在有些首長，鼓勵部屬盡量揭發上司的弊端。這種勇士精神，固然可以嚇阻上司為非作歹，卻也驅使上司更加謹慎，助長推、拖、拉的時間，並且用心把責任分攤在專家學者或顧問身上。各種研討會、聽證會的召開，大多用意在此。

部屬不做，主管當然會問：「那件事辦得如何？這時答以「正在找法令依據」，看主管怎樣指示。他如果說：「沒有法令依據，是不能辦的。」證明他純屬無意，至少要部屬法律上站得住立場。才能夠酌予通融。如果指示：「不管有沒有法令依據，照辦就是！」表示他真的有意，那就更加不要去做。主管不再追問，大家不了了之，他以後不敢把不法任務交給你，已經收到「履霜，堅冰至」的效果。主管要施壓，總有一天事情鬧開來，大家會明白真相。主管對部屬的守口如瓶，對做違法事宜的守法精神，能有什麼話講。

第二、自己發現異常現象，必須提高警覺，合理因應。

任何工作，都有規範。事先仔細閱讀，有問題請教先進。對於正常和異常狀態，應該了然於心。一切正常，按部就班去做；發現異常現象，馬上判明「是不是在自己的責任範圍之內」，確定「自己有沒有把握調整過來」。如果答案都是肯定的，趕快去處理。若是前者肯定而後者否定，最後請求先進同仁援助，在他的輔導下進行調整，一次生兩次熟，從實際操作中學習，很快就會熟練了。

異常現象不在自己的範圍內，千萬不要擅自作主。這時候請示上級，向主管報告，是比較正確的方式。不報告是自己「失職」，報告後配合上司的指示，乃是共同負責的做法。

最要緊的是「不可以隱瞞異常現象」，因為「履霜，堅冰至」。發現異常現象，如不及時調整，不久事態擴大，就難以補救了。

第三、自己有落後情況，應該主動要求接受訓練，以免落伍。

在工作過程當中，發現自己在若干情況下，表現得技不如人，或者研判、分析得不夠正確，以級反應得不夠明快，最好明白「履霜，堅冰至」的啟示，主動向上司要求接受相關的訓練，提升自己的實力，才不致有朝一日成為「呆人」，自己痛苦，也增加公司的困擾。

(二)秉持直方大的精神

坤卦六二爻辭：「直方大，不習，無不利。」如圖 5-6。直、方、大是地的本來面目。地所生的植物，都是向上直長。地安靜不動，有如方形物體。地不但生長萬物，而且容納萬物，可見其大。不習的意思，指「直方大必須出乎自然，不是勉強學來的，以見真誠」。而真誠的人，無往不利，所以說「不習，無不利。」

象說：「六二之動，直以方也。不習，無不利，地道光也。」六二具備坤道的直方大性質，動起來既直且方。這種自然表現，所以能夠無往而不利，主要是地道廣大的緣故。「光」即廣，地道光就是地道廣大的意思。

基層人員，除了提高警覺之外，必須秉持「直方大」的坤道精神，以「正直、安靜、大度」的態度，做好分內的工作。說明如下：

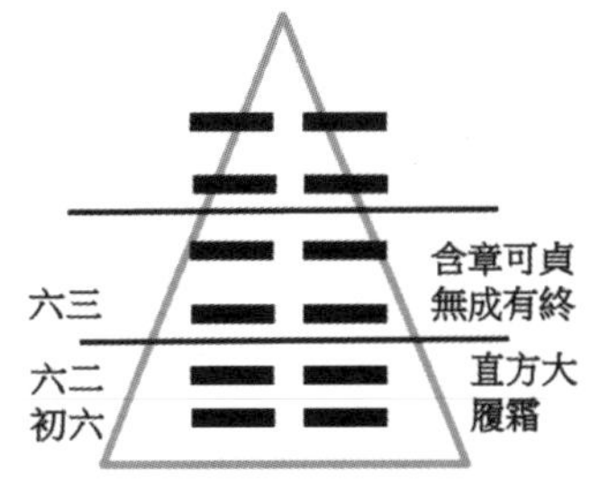

圖 5- 6 坤卦初、二、三爻

1、 **正直**：基層人員，最要緊的是「實實在在」，一切按照工作規範進行。凡事能即能，不能即不能；能就承諾，不能也應該明白的說出來，大家商量解決。執行上級命令，必須公正，切勿偏心。

2、 **安靜**：基層人員，最怕話太多，處處想強出頭。安靜一些，先聽清楚上級的話，有問題自己試一試、想一想，再提出來，終歸比較貼切。處置事宜，也應該安靜平實，不要慌張，才能盡力求合理。

3、 **大度**：基層人員，最好不要斤斤計較。因為多做多學習，對自己有利。一天到晚抱著「給多錢做多少事」的小氣念頭，哪里有光明的前途。基層人員正值人生的磨練期，如果一切秉持正義剛直，而又把多做當做多學，必然像地道廣大，無往而不利。

今日社會公權力的影響之所以不明顯，主要在基層執行人員缺乏「直方大」的地道修養。同樣一條命令，如果執行起來任意變更，以致參差不齊，有時這樣，有時那樣，有人寬鬆、有人嚴緊，請問公信力如何建立? 基層不直不方不大，公權力的影響怎麼明顯得起來。

(三)服從命令、不爭功

坤卦六三爻辭：「含章可貞，或從王事，無成有終」。「含」為包含，指內在的修養。「章」是美的意思，「含章」即內在美。貞為正，一個人內方外圓，外順而內正，便是具有內在正氣，稱得上正直了。正直的人從事公務，不可自作主張，必須服從命令。「無成」指不可自作主張，「有終」為奉行命令。因為部屬最好能夠做到韓非子所說的「部屬有勞，主管有功」，把功勞歸給上司，自己無成，是比較有利的態度。

基層人員在「履霜，直方大」之外，如果能夠拿「含章可貞、無成有終」做為努力修養的目標，自然有晉升為中堅幹部的機會。主管心里很明白：「誰任勞任怨，不爭功」，事實上，部屬要搶上司的功勞，往往不得善終。不如大度一些，干脆把功勞讓給上司。他心里有數，反過來照顧部屬，豈非兩全其美!

象說：「含章可貞，以時發也，或從王事，知光大也。」「以時發也」的意思是待命而動，「知光大也」即智慮深遠。基層人員能夠待命而動，而且智慮深遠，謹守「無成有終」的分寸，那麼，獲得上司賞識晉升為中堅幹部，當然指日可待了。

有志從事管理工作的人，最好及早養成良好的習慣，把自己的功勞推給上司。因為功勞是推讓出來的，大家讓來讓去，人人都有功勞，而過失剛好相反，是搶出來的，大家搶來搶去，過失才會水落石出。身為部屬，懂得把功勞讓給上司，必然有前途。身為主管，知道把過失往身上攬，部屬自然比較敢認錯。功勞讓給上司，因為部屬根本爭不過上司，過失留給自己，因為比較容易引蛇出洞，促使部屬把過失檢討出來，以利改善。

四、管理要三階層合理的配合

(一)高階層應蓄德、養賢

從易理來看，高階居於天位，古代帝王稱為天子，表示只有他可以代表天道。西方認為君權神授，神本位的說法。我們認為帝王的權利，必須合乎天道，是人本位的主張。

天無言，從來不表示什麼意見。高階主管成為天的代言人，所說的話，就代表天意。如果不能仿天的無言，必定多言招禍，搞得大家不得安寧。孔子贊美堯帝是一位偉大的君王，曾經說過：「惟天惟大，惟堯則之。」意思是說天最偉大，而堯帝的做人就像天那樣，恩德廣遠，功業高大。高階層能夠蓄德，組織的發展必然順適。易經中的大畜卦(如圖 5-7-1)的道理，是高階層必須遵循的道路。

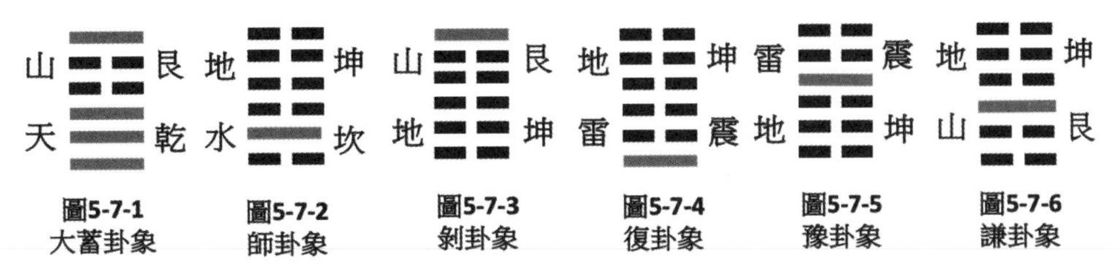

圖 5- 7 三階層合理的配合

從卦象來看，是山壓在天的上面。天十分剛健，哪里是山的力量所能壓制的。就算能夠止於一時，終究會導致整體的崩潰。所以「大畜」的用意，在提醒居上位的高階主管，對於有才能的賢士，不能夠壓制，冷凍，使其有志難伸而冒險犯難，反而製造很大的不安。最好的方式是加以合理的尊重，使其獲得施展抱負的機會。這樣，一方面增加鞏固領導中心的力量，一方面則能減弱可能反叛的企圖。組織的創建與發展，都需要賢能人士。高階層必須善體天意，讓賢能的人士有合適的表現，才不致釀成災難。就算有意外的災禍，也能夠獲得消弭。

「大畜」的主旨，在「施德於天下」。「畜」字當做涵養解釋，意思是高階主管，必須具備良好的涵養，能夠將龐大的天體「畜」在懷中，可見胸襟是多麼的寬廣。容許大家表現，欣賞各人的才能，才是正大的用人之道。

(二)中堅幹部要承上啟下

八卦為三畫卦，兩兩相重以後就成了六畫卦，每一卦都有六個爻，由下而上，分別稱為初爻、二爻、三爻、四爻、五爻及上爻。初爻和二爻在底下，象徵「地」的位置；三爻、四爻夾在中間，象徵「人」的位置；而五爻和上爻在頂上，象徵「天」的位置。

「天」代表高階；「地」代表基層；「人」居於「天」與「地」之間，正好代表「中堅幹部」。高階如果以董事長和總經理為代表，基層若是用來表示領班和作業人員，那麼自部門以下，到主任、股長以上，大多數主管和幕僚，都屬於中堅幹部的範圍。從易理來看，中堅幹部處於卦的三爻及四爻的位置，一方面容易「不三不四」，一方面也喜歡「老三老四」，有時候則需要「反三復四」，這些都屬於中堅幹部常見的現象，因為他們的位階正好處於《易經》所說「三多凶，四多懼」的警戒位置。

中堅幹部夾在高階與基層之間，應該善盡「人」道，重視組織上下親和協調，做好「承上啟下」的工作。簡單的說，就是把上級所交付的工作，交由基層來執行。這工作看似簡單單，實際上做起來相當堅難，

在組織裡，中堅幹部面對老板完全沒有抵抗力，老板叫你做什麼，你只好答應，可是當你把工作交給下屬的時候，他們會抵抗，為什麼，因為實際執行的是他們。他們不會輕易的答應，輕易的答應會累死自己。身為中堅主管應該要去體會基層的心情。可是上面壓力，你沒有抵抗，下面頂你，你也沒有反應力。「承上啟下」看起來容易，就是把老板所交的工作，交給下面去做，但實際上這個承轉的工作很難。你要把上面的工作能夠順利推行到下面去執行，你要把下面的意見能夠轉到上面去，困難無比。

今天組織裡最大的問題就是上情不能下達，下情無法上達，上與下之間形成很大的溝通障礙，上下溝而不通。基層在想什麼，上面不知道。上面在想什麼，基層也不知道。這個問題就出在中堅幹部沒有盡到「承上啟下」的責任。

要如何做好「承上啟下」的工作? 一方面你要照顧你單位的人，就是你的下屬；另一方面你要體會老板的心情。啟就是啟發、開啟，你身為中堅幹部，你有責任啟發他們，因為基層人員多半比較矇懂。他不了解真正的原因是什麼，你要啟發他。上面給你一個命令時，他不太管你行不行得通。你又不能拒絕，所以你要看著辦，你不能完全按照上面的指令去貫徹，上有政策，下一定要有對策。你要把上面的指示，經過轉化後，再傳達給部屬。最終目的還是要達成上級所交待的任務。

承上，就是聽上面的話，但不是奉承，也不是討好，如果是這樣就是小人一個。承上就是他所交待的事情，你要把它當一回事，你要儘快處理，而且要把執行的進度隨時讓他知道。就是你要讓你的主管感覺到你心中有他。你要做

到讓他賞識你、相信你。當他賞識你，他就不會壓你、不會催你。

「承上啟下」，完全是心跟心的互動，你有心讓你的上級知道你心中有他。你有心讓你的部屬知道，你時時刻刻關心他的利益，你這個中堅主管就會做得很好。

(三)基層應落實執行

基層主要的工作就是執行，尤其是基層的主管就顯得更重要，執行力好不好，基層主管扮演重要的關鍵。易經中的「師」卦，坤在上，坎在下，如圖 5-7-2。一陽五陰。這里的陽爻，是代表基層主管。身為基層主管，必須發號施令，使員工協同一致地行動。

師的意思是師法和師長，在這里則表明為師役。基層員工是行動部隊，有行軍作戰的味道。不像中層幹部，經常動動嘴巴，好像任務就完成了。口頭宣達命令之後，基層員工的行動就要實際展現。所以集體的行動，有於賴基層主管的正確指導。師法和師長，也跟著師役而逐漸凸顯出來。

師法的意思，是坤為員工大眾，而坎為法律，含有危險的因素。基層員工的行動，必須遵守工作規範，否則所產出的勞務或產品，都將不符合品質的要求，而遭受顧客的非難，實在十分危險。

師長的用意，是基層主管必須在工作進行的過程，當員工的人師、軍師、教師和技師。基層團隊通常比較講求義氣，基層主管能不能在這方面成為大家的表率，成為人師，應該也至為重要。員工的為人處世之法與專業技術，有賴於基層主管的隨時指導，所以既為教師，又是技師。

另外，同樣是一陽五陰的卦還有「剝卦」、「復卦」、「豫卦」和「謙卦」，它們在管理上所代表的意義說明如下，提供參考：

剝卦，上艮下坤，如圖 5-7-3。「剝」的意思是剝落，表示小人道長、君子道消的不良現象。當企業組織凡事都等待董事長裁決時候，整個公司，自總經理以下，全都無能為力。當一家公司在這種剝的情境下，那麼就表明：這一家公司的沒落，已經逼在眼前了。不幸面對這種情況，最好盡速改組，讓這位專制的董事長早日退職，想辦法招進一批生力軍，形成復卦的景象，才有可能恢復生機。

復卦，上坤下震，如圖 5-7-4。復卦是剝卦的顛倒，由剝卦的五陰居下，一陽居上，轉變為五陰居上，一陽居下的復卦，復卦的情境表示組織獲得生力軍的加入，有如朝日一般，必將愈來愈光明，組織將往好的方向發展。

新加入的生力軍，如果依易理而行，有朝一日會成為公司的中堅幹部，那就成為豫卦(如圖 5-7-5)或謙卦(如圖 5-7-6)。豫卦，坤下震上，各部門經理，都有良好的表現，上可以令高階放心，下能夠使基層熱心，自己當然稱心愉快，只要不要功高震主，自然逸豫悅樂而上下同心。謙卦艮下坤上。科長級主管表現非常的良好，對經理難免構成威脅，所以不能志得意滿，而應該格外謙虛、謙卑，盡可能把功勞歸於經理，才能夠用心地全力以赴。

附錄(易經本文)

上經(乾卦至離卦)

1. 乾卦 ䷀ 乾下乾上 乾：音虔ㄑㄧㄢˊ，剛健、強健也

卦辭：乾，元亨利貞。

《象》曰：天行健，君子以自強不息。

初九，潛龍勿用。

《象》曰：潛龍勿用，陽在下也。

九二，見龍在田，利見大人。

《象》曰：見龍在田，德施普也。

九三，君子終日乾乾，夕ㄒㄧˋ惕ㄊㄧˋ若，厲，无咎。*(惕：警惕戒懼；厲：危險)*[32]

《象》曰：終加乾乾，反復道也。 *(乾乾：表示健行不止的意思)*

九四，或躍在淵，无ㄨˊ咎ㄐㄧㄡˋ。 *(无：古文「無」)*

《象》曰：或躍在淵，進無咎也。 *(咎：含有災害、災病、罪過等義)*

九五，飛龍在天，利見大人。

《象》曰：飛龍在天。大人造也。

上九，亢龍有悔。*(亢：音ㄎㄤˋ，高也。)*

《象》曰：亢龍有悔，盈ㄧㄥˊ不可久也。

用九，見群龍无首，吉。

《象》曰：用九，天德不可為首也。

---

[32] 注釋資料參考引用自 郭建勳 注譯 新譯 易經讀本

2. 坤卦　䷁　坤下　坤上

卦辭：坤，元亨，利牝馬之貞。君子有攸往，先迷後得主利。西南得朋，東北喪朋，安貞吉。 *(牝：音ㄆㄧㄣˋ，牝馬為雌馬；攸：音ㄧㄡ)*

《彖》曰：至哉坤元，萬物資生，乃順承天。坤厚載物，德合无疆。含弘光大，品物咸亨。牝馬地類，行地无疆。柔順利貞，君子攸行。先迷失道，後順得常。西南得朋，乃與類行。東北喪朋，乃終有慶，安貞之吉，應地无疆。 *(咸：音ㄒㄧㄢˊ)*

《象》曰：地勢坤，君子以厚德載物。

初六，履霜，堅冰至。

《象》曰：履霜堅冰，陰始凝也。馴ㄒㄩㄣˊ致其道，至堅冰也。 *(馴：順從)*

六二，直方大，不習，无不利。

《象》曰：六二之動，直以方也。不習无不利，地道光也。

六三，含章可貞，或從王事，无成有終。

《象》曰：含章可貞，以時發也；或從王事，知光大也。

六四，括囊，无咎无譽。 *(囊：音ㄋㄤ，括囊：束緊口袋)*

《象》曰：括囊无咎，慎不害也。

六五，黃裳，元吉。

《象》曰：黃裳元吉，文在中也。

上六，龍戰于野，其血玄黃。

《象》曰：龍戰于野，其道窮也。

用六，利永貞。

《象》曰：用六永貞，以大終也。

3. 屯卦 ䷂ 震下坎上　屯：音諄ㄓㄨㄣ，始生之難也。

卦辭：屯，元亨，利貞。勿用有攸往，利建侯。 *(屯：具有初生與艱難的意義)*

《彖》曰：屯，剛柔始交而難生，動乎險中，大亨貞。雷雨之動滿盈，天造草昧，宜建侯而不寧。

《象》曰：雲雷屯，君子以經綸。 *(綸：音ㄌㄨㄣˊ，經綸意指經營管理)*

初九，磐桓，利居貞，利建侯。 *(磐：音ㄆㄢˊ，磐桓意指徘徊流連)*

《象》曰：雖磐桓，志行正也。以貴下賤，大得民也。

六二，屯如邅如，乘馬班如。匪寇 婚媾，女子貞不字，十年乃字。

(邅：音ㄓㄢ，意指難行；班如：馬排列之狀；寇：音ㄎㄡˋ，指強盜；媾：音ㄍㄡˋ)

《象》曰：六二之難，乘剛也。十年乃字，反常也。 *(字：女子出嫁)*

六三，即鹿无虞，惟入于林中。君子幾不如舍，往吝。 *(虞音ㄩˊ)*

(即：追捕之意；虞：古代掌管山禽獸的官員；幾：音ㄐㄧ，見機行事)

《象》曰：即鹿无虞，以從禽也。君子舍之，往吝窮也。

六四，乘馬班如，求婚媾。往吉，无不利。

《象》曰：求而往明也。

九五，屯其膏，小貞吉，大貞凶。 *(屯：音ㄊㄨㄣˊ，聚集，儲存；膏：音ㄍㄠ，膏澤)*

《象》曰：屯其膏，施未光也。

上六，乘馬班如，泣ㄑㄧˋ血漣ㄌㄧㄢˊ如。 *(泣：傷心；漣：音ㄌㄧㄢˊ，流淚不止之狀)*

《象》曰：泣血漣如，何可長也。

4. 蒙卦 ䷃ 坎下艮上　蒙：蒙昧、幼稚，物之始生。

卦辭：蒙，亨。匪我求童蒙，童蒙求我。初筮告，再三瀆，瀆則不告，利貞。　*(筮：音ㄕˋ，意指問疑求答；瀆：音ㄉㄨˊ，冒犯)*

《彖》曰：蒙，山下有險，險而止，蒙。蒙，亨，以亨行，時中也。匪我求童蒙，童蒙求我，志應也。初筮告，以剛中也。再三瀆，瀆則不告，瀆蒙也。蒙以養正，聖功也。

《象》曰：山下出泉，蒙，君子以果行育德。

初六，發蒙。利用刑人，用說桎ㄓˋ梏ㄍㄨˋ，以往吝。　*(發蒙：啟發蒙昧)*

(刑：通「型」，典型，楷模；說：音「脫」，脫離，解除；桎梏：本製刑具，指心靈蒙蔽)

《象》曰：利用刑人，以正法也。

九二，包蒙，吉。納婦吉，子克家。　*(包蒙：被蒙童所環繞；克家：能夠治理家事)*

《象》曰：子克家，剛柔接也。

六三，勿用取女，見金夫，不有躬，无攸利。　*(躬：自身)*

《象》曰：勿用取女，行不順也。

六四，困蒙，吝。　*(困蒙：困於蒙昧)*

《象》曰：困蒙之吝，獨遠實也。

六五，童蒙，吉。　*(童蒙：幼童接受啟蒙)*

《象》曰：童蒙之吉，順以巽ㄒㄩㄣˋ也。　*(巽：謙遜)*

上九，擊蒙，不利為寇ㄎㄡˋ，利禦ㄩˋ寇。　*(擊蒙：打破蒙昧；寇：音ㄎㄡˋ；禦：音ㄩˋ)*

《象》曰：利用禦寇，上下順也。

5. 需卦 ䷄ 乾下坎上　需：須也，等待之義。

卦辭：需，有孚，光亨，貞吉，利涉大川。

《彖》曰：需，須也，險在前也。剛健而不陷，其義不困窮矣。需，有孚，光亨，貞吉，位乎天位，以正中也。利涉大川，往有功也。

《象》曰：雲上於天，需，君子以飲食宴樂。

初九，需于郊，利用恆，无咎。 *(郊：城邑之外；恆：恆心)*

《象》曰：需于郊，不犯難行也。利用恆，无咎，未失常也。

九二，需于沙，小有言，終吉。 *(沙：離水不遠的沙洲；言：閒言)*

《象》曰：需于沙，衍ㄧㄢˇ在中也。雖小有言，以吉終也。 *(衍：寬綽)*

九三，需于泥，致寇至。 *(泥：泥濘；致：招致)*

《象》曰：需于泥，災在外也。自我致寇，敬慎不敗也。

六四，需于血ㄒㄩㄝˋ，出自穴ㄒㄩㄝˋ。 *(血：血泊，喻形勢的極度危險；穴：陷穴)*

《象》曰：需于血，順以聽也。

九五，需于酒食，貞吉。*(酒食：喻德澤)*

《象》曰：酒食貞吉，以中正也。

上六，入于穴，有不速之客三人來。敬之，終吉。 *(不速之客：未經邀請的客人)*

《象》曰：不速之客來，敬之終吉。雖不當位，未大失也。

6. 訟卦 ䷅ 坎下乾上 爭訟、訴訟。

卦辭：訟，有孚，窒ㄓˋ惕ㄊㄧˋ，中吉，終凶。利見大人，不利涉大川。

《彖》曰：訟，上剛下險，險而健，訟。訟，有孚，窒惕，中吉，剛來而得中也。終凶，訟不可成也。利見大人，尚中正也。不利涉大川，入于淵也。 *(孚：音ㄈㄨˊ；窒：音ㄓˋ，窒塞；惕：音ㄊㄧˋ，警惕，戒懼)*

《象》曰：天與水違行，訟，君子以作事謀始。

初六，不永所事，小有言，終吉。 *(永：長久；所事：指爭訟之事)*

《象》曰：不永所事，訟不可長也。雖小有言，其辯明也。

九二，不克訟，歸而逋其邑，人三百戶，无眚。

(克：勝；逋：音ㄅㄨ，逃跑；邑：音ㄧˋ，城邑；眚：音ㄕㄥˇ，災禍之義)

《象》曰：不克訟，歸逋竄也。自下訟上，患至掇也。

(竄：音ㄘㄨㄢˋ，逃竄；掇：音ㄉㄨㄛˊ，通「輟」，中止)

六三，食舊德，貞厲，終吉。或從王事，无成。 *(食舊德：指亨受過去的俸祿)*

《象》曰：食舊德，從上吉也。

九四，不克訟，復即命渝，安貞吉。 *(復：回復；即命：就於正理；渝：音ㄩˊ，改變)*

《象》曰：復即命渝，安貞不失也。*(復即命渝：回過頭就於正理，改變爭訟的初衷)*

九五，訟，元吉。

《象》曰：訟元吉，以中正也。

上九，或錫之鞶帶，終朝三褫之。 *(本爻意旨以爭訟取祿位，最後亦將失去)*

(錫：音ㄒㄧˊ通「賜」，賜予；鞶：音ㄆㄢˊ，鞶帶喻高官厚祿；褫：音ㄔˇ，剝奪)

《象》曰：以訟受服，亦不足敬也。

7. 師卦 ䷆ 坎下坤上 兵眾、軍隊；師長，國師

卦辭：師，貞，丈人吉，无咎。*(卦旨用兵必須善擇主將(深謀遠慮)，獲無咎)*

《彖》曰：師，眾也，貞，正也。 能以眾正，可以王矣。 剛中而應，行險而順。 以此毒天下而民從之，吉，又何咎矣？

《象》曰：地中有水，師，君子以容民畜眾。

初六，師出以律，否臧凶。 *(臧：音ㄗㄤ，否臧猶如不善、不良)*

《象》曰：師出以律，失律凶也。

九二，在師中吉，无咎，王三錫命。 *(在師：率師；錫：音ㄒㄧˊ，通「賜」，賜予)*

《象》曰：在師中吉，承天寵也。王三錫命，懷萬邦也。

(天寵：君主的寵愛；懷：懷服)

六三，師或輿尸，凶。 *(或：可能但不必然；輿：音ㄩˊ，指用車載；尸：音ㄕ，屍體)*

《象》曰：師或輿尸，大无功也。

六四，師左次，无咎 。 *(左次：指撤退)*

《象》曰：左次无咎，未失常也。 *(常：謂用兵的常道)*

六五，田有禽，利執言，无咎。長子帥師，弟子輿尸，貞凶。

(執：捕捉；言：指旁人的閒言；長子：指年長有經驗的人；弟子：無德之人)

《象》曰：長子帥師，以中行也。弟子輿尸，使不當也。 *(不當：用人不當)*

上六，大君有命，開國承家，小人勿用。 *(大君：指天子)*

(本爻意旨班師回朝，論功行賞)

《象》曰：大君有命，以正功也。小人勿用，必亂邦也。

8. 比卦 ䷇ 坤下坎上　比：音必，親近、親信、輔佐也

卦辭：比，吉。原筮元永貞，无咎。不寧方來，後夫凶。

(原：本為古代卜法，引申為研究情況，筮：本為卜筮之筮，引申為作出判斷)

《彖》曰：比，吉也。比，輔也，下順從也。原筮元永貞，无咎，以剛中也。不寧方來，上下應也。後夫凶，其道窮也。

《象》曰：地上有水，比。先王以建萬國，親諸侯。

初六，有孚比之，无咎。有孚盈缶，終來有它吉。*(缶：音ㄈㄡˇ，盈缶指充滿瓦缸)*

《象》曰：比之初六，有它吉也。

六二，比之自內，貞吉。

《象》曰：比之自內，不自失也。

六三，比之匪人。

《象》曰：比之匪人，不亦傷乎。

六四，外比之，貞吉。

《象》曰：外比於賢，以從上也。

九五，顯比，王用三驅，失前禽。邑人不誡，吉。

《象》曰：顯比之吉，位正中也。舍逆取順，失前禽也。邑人不誡，上使中也。

上六，比之无首，凶。

《象》曰：比之无首，无所終也。

9. 小畜卦 ☴☰ 乾下巽上 陰為小，小畜，陰氣積聚

卦辭：小畜，亨。密雲不雨，自我西郊。

《彖》曰：小畜，柔得位而上下應之，曰小畜。健而巽，剛中而志行，乃亨。密雲不雨，尚往也；自我西郊，施未行也。

《象》曰：風行天上，小畜，君子以懿文德。 *(懿：音ㄧˋ；美而善)*

初九，復自道，何其咎？吉。

《象》曰：復自道，其義吉也。

九二，牽復，吉。

《象》曰：牽復在中，亦不自失也。

九三，輿說輻，夫妻反目。 *(說，音義同「脫」)*

《象》曰：夫妻反目，不能正室也。

六四，有孚，血去惕出，无咎。

《象》曰：有孚惕出，上合志也。

九五，有孚攣如，富以其鄰。 *(攣：音ㄌㄩㄢˊ，攣如指牽繫之狀)*

《象》曰：有孚攣如，不獨富也。

上九，既雨既處，尚德載，婦貞厲。月幾望，君子征凶。

《象》曰：既雨既處，德積載也。君子征凶，有所疑也。

10. 履卦 ䷉ 兌下乾上　踐履，君子之所踐履者，禮也

卦辭：履虎尾，不咥人，亨。 *(咥：音ㄉㄧㄝˊ，咬)*

《彖》曰：履，柔履剛也。說而應乎乾，是以履虎尾，不咥人，亨。剛中正，履帝位而不疚，光明也。

《象》曰：上天下澤，履，君子以辯上下，定民志。*(辯：通「辨」，辨別)*

初九，素履，往，无咎。

《象》曰：素履之往，獨行願也。

九二，履道坦坦，幽人貞吉。

《象》曰：幽人貞吉，中不自亂也。

六三，眇能視，跛能履。履虎尾，咥人，凶。武人為于大君。

(眇：音ㄇㄧㄠˋ，指眼瞎)

《象》曰：眇能視，不足以有明也；跛能履，不足以與行也。咥人之凶，位不當也。武人為于大君，志剛也。

九四，履虎尾，愬愬，終吉。*(愬：音ㄙㄨˋ，愬愬指恐懼謹慎的樣子)*

《象》曰：愬愬終吉，志行也。

九五，夬履，貞厲。 *(夬：音ㄍㄨㄞˋ，果決，果斷)*

《象》曰：夬履貞厲，位正當也。

上九，視履，考祥其旋，元吉。

《象》曰：元吉在上，大有慶也。

11. 泰卦 ䷊ 乾下坤上 通泰、通達，太平盛世

卦辭：泰，小往大來，吉亨。

《彖》曰：泰，小往大來，吉亨，則是天地交而萬物通也，上下交而其志同也。內陽而外陰，內健而外順，內君子而外小人。君子道長，小人道消也。

《象》曰：天地交，泰。后以財成天地之道，輔相天地之宜，以左右民。

初九，拔茅茹，以其彙，征吉。

(茅：音ㄇㄠˊ，茅草；茹：音ㄖㄨˊ，柔軟的根相連；彙：音ㄨㄟˋ，同類相聚)

《象》曰：拔茅征吉，志在外也。

九二，包荒，用馮河，不遐遺，朋亡，得尚于中行。

(馮：音ㄆㄧㄥˊ，涉越；遐：音ㄒㄧㄚˊ，遠也)

《象》曰：包荒得尚于中行，以光大也。

九三，无平不陂，无往不復。艱貞，无咎。勿恤其孚，于食有福。

(恤：音ㄒㄩˋ，憐惜、憂慮)

《象》曰：无往不復，天地際也。

六四，翩翩，不富以其鄰，不戒以孚。

《象》曰：翩翩不富，皆失實也。不戒以孚，中心願也。

六五，帝乙歸妹，以祉元吉。 *(祉：音ㄓˇ，福的意思)*

《象》曰：以祉元吉，中以行願也。

上六，城復于隍，勿用師。自邑告命，貞吝。

《象》曰：城復于隍，其命亂也。

12. 否卦 ䷋ 坤下乾上　否：音痞，閉塞不通，小人當道

卦辭：否之匪人，不利君子貞，大往小來。

《彖》曰：否之匪人，不利君子貞，大往小來，則是天地不交而萬物不通也，上下不交而天下无邦也。內陰而外陽，內柔而外剛，內小人而外君子。小人道長，君子道消也。

《象》曰：天地不交，否。君子以儉德辟難，不可榮以祿。

(辟：音音ㄅㄧˋ，通「避」)

初六，拔茅茹，以其彙，貞吉，亨。　*(參考泰卦初九)*

《象》曰：拔茅貞吉，志在君也。

六二，包承，小人吉，大人否亨。

《象》曰：大人否亨，不亂群也。

六三，包羞。

《象》曰：包羞，位不當也。

九四，有命无咎，疇離祉。*(疇：音ㄔㄡˊ，眾類；祉：音ㄓˇ)*

《象》曰：有命无咎，志行也。

九五，休否，大人吉。其亡其亡，繫于苞桑。　*(苞：音ㄅㄠ，叢生；桑：音ㄙㄤ)*

《象》曰：大人之吉，位正當也。

上九，傾否，先否後喜。

《象》曰：否終則傾，何可長也。

13. 同人卦 ䷌ 離下乾上 同，合會。同人，與人合會

卦辭：同人于野，亨。利涉大川，利君子貞。

《彖》曰：同人，柔得位得中而應乎乾，曰同人。同人曰：同人于野，亨，利涉大川，乾行也。文明以健，中正而應，君子正也。唯君子為能通天下之志。

《象》曰：天與火，同人，君子以類族辨物。

初九，同人于門，无咎。

《象》曰：出門同人，又誰咎也？

六二，同人于宗，吝。

《象》曰：同人于宗，吝道也。

九三，伏戎于莽，升其高陵，三歲不興。

(戎：音ㄖㄨㄥˊ，伏戎指軍隊，莽：音ㄇㄤˇ，草莽)

《象》曰：伏戎于莽，敵剛也；三歲不興，安行也？

九四，乘其墉，弗克攻，吉。*(墉：音ㄩㄥ，城牆；弗：音ㄈㄨˊ)*

《象》曰：乘其墉，義弗克也。其吉，則困而反則也。

九五，同人，先號咷而後笑，大師克相遇。*(咷：音ㄊㄠˊ，號咷指大哭)*

《象》曰：同人之先，以中直也。大師相遇，言相克也。

上九，同人于郊，无悔。

《象》曰：同人于郊，志未得也。

14. 大有卦 ䷍ 乾下離上　豐收、富有，所有者很大

卦辭：大有，元亨。

《彖》曰：大有，柔得尊位，大中而上下應之，曰大有。其德剛健而文明，應乎天而時行，是以元亨。

《象》曰：火在天上，大有。君子以遏惡揚善，順天休命。*(遏：音ㄜˋ，遏止)*

初九，无交害，匪咎，艱則无咎。

《象》曰：大有初九，无交害也。

九二，大車以載，有攸往，无咎。

《象》曰：大車以載，積中不敗也。

九三，公用亨于天子，小人弗克。

《象》曰：公用亨于天子，小人害也。

九四，匪其彭，无咎。

《象》曰：匪其彭无咎，明辨晢也。　*(晢：音ㄓㄜˊ，明智)*

六五，厥孚交如，威如，吉。

《象》曰：厥孚交如，信以發志也。威如之吉，易而无備也。

上九，自天祐之，吉，无不利。

《象》曰：大有上吉，自天祐也。

15. 謙卦 ䷎ 艮下坤上　謙虛退讓、謙卑

卦辭：謙，亨，君子有終。

《彖》曰：謙亨，天道下濟而光明，地道卑ㄅㄟ 而上行；天道虧盈而益謙，地道變盈而流謙；鬼神害盈而福謙，人道惡盈而好謙。謙尊而光，卑而不可踰ㄩˋ，君子之終也。

《象》曰：地中有山，謙，君子以裒多益寡，稱物平施。*[裒：音ㄆㄡˊ 聚、取也]*

初六，謙謙君子，用涉大川，吉。

《象》曰：謙謙君子，卑以自牧也。

六二，鳴謙，貞吉。

《象》曰：鳴謙貞吉，中心得也。

九三，勞謙，君子有終，吉。

《象》曰：勞謙君子，萬民服也。

六四，无不利，撝謙。 *(撝：音ㄏㄨㄟ，謙讓之意)*

《象》曰：无不利，撝謙，不違則也。

六五，不富以其鄰，利用侵伐，无不利。 *(侵伐：征伐)*

《象》曰：利用侵伐，征不服也。

上六，鳴謙，利用行師，征邑國。 *(邑：指大夫的封邑)*

《象》曰：鳴謙，志未得也。可用行師，征邑國也。

16. 豫卦 ䷏ 坤下震上　豫，音預，和樂、逸樂也

卦辭：豫，利建侯、行師。

《彖》曰：豫，剛應而志行，順以動，豫。豫順以動，故天地如之，而況建侯行師乎？天地以順動，故日月不過，而四時不忒。聖人以順動，則刑罰清而民服。豫之時義大矣哉。*(忒：音ㄊㄜˋ，差錯)*

《象》曰：雷出地奮，豫。先王以作樂崇德，殷薦之上帝，以配祖考。

(殷：音ㄧㄣ，豐盛；薦：音ㄐㄧㄢˋ，進獻)

初六，鳴豫，凶。

《象》曰：初六鳴豫，志窮凶也。

六二，介于石，不終日，貞吉。

《象》曰：不終日貞吉，以中正也。

六三，盱ㄒㄩ 豫，悔，遲有悔。

《象》曰：盱豫有悔，位不當也。

九四，由豫，大有得。勿疑，朋盍簪。*(盍：音ㄏㄜˊ，合；簪：音ㄗㄢ，束髮器)*

《象》曰：由豫大有得，志大行也。

六五，貞疾，恆不死。

《象》曰：六五貞疾，乘剛也。恆不死，中未亡也。

上六，冥豫成，有渝，无咎。*(冥：音ㄇㄧㄥˊ，晦暗；渝：音ㄩˊ，改變)*

《象》曰：冥豫在上，何可長也？

17. 隨卦 ䷐ 震下兌上　隨從於人，或為人所追隨

卦辭：隨，元亨利貞，无咎。

《彖》曰：隨，剛來而下柔，動而說，隨。大亨貞，无咎，而天下隨時，隨時之義大矣哉。

《象》曰：澤中有雷，隨。君子以嚮晦入宴息。

(晦：音ㄏㄨㄟˋ，嚮晦即近黑夜之時，宴息：休息)

初九，官有渝ㄩˋ，貞吉。出門交有功。

《象》曰：官有渝，從正吉也。出門交有功，不失也。

六二，係小子，失丈夫。

《象》曰：係小子，弗兼與也。

六三，係丈夫，失小子。隨有求得，利居貞。

《象》曰：係丈夫，志舍下也。

九四，隨有獲，貞凶。有孚在道以明，何咎？

《象》曰：隨有獲，其義凶也。有孚在道，明功也。

九五，孚于嘉，吉。

《象》曰：孚于嘉吉，位正中也。

上六，拘係之，乃從維之，王用亨于西山。　*(拘：音ㄐㄩ，拘禁)*

《象》曰：拘係之。上窮也。

18. 蠱卦 ䷑ 巽下艮上　蠱，事也。蠱惑、敗壞而有事

卦辭：蠱，元亨，利涉大川。先甲三日，後甲三日。*(蠱：音ㄍㄨˇ)*

《彖》曰：蠱，剛上而柔下，巽而止，蠱。蠱，元亨，而天下治也。利涉大川，往有事也。先甲三日，後甲三日，終則有始，天行也。

《象》曰：山下有風，蠱。君子以振民育德。

初六，幹父之蠱。有子，考无咎，厲，終吉。

《象》曰：幹父之蠱，意承考也。

九二，幹母之蠱，不可貞。

《象》曰：幹母之蠱，得中道也。

九三，幹父之蠱，小有悔，无大咎。

《象》曰：幹父之蠱，終无咎也。

六四，裕父之蠱，往見吝。

《象》曰：裕父之蠱，往未得也。

六五，幹父之蠱，用譽。

《象》曰：幹父用譽，承以德也。

上九，不事王侯，高尚其事。

《象》曰：不事王侯，志可則也。

19. 臨卦 ䷒ 兌下坤上 蒞臨群眾，監臨治理

卦辭：臨，元亨利貞，至于八月有凶。

《彖》曰：臨，剛浸而長，說ㄩㄝˋ而順，剛中而應，大亨以正，天之道也。至于八月有凶，消不久也。 *(浸：音ㄐㄧㄣˋ，逐漸)*

《象》曰：澤上有地，臨。君子以教思无窮，容保民无疆。

初九，咸臨，貞吉。 *(咸：音ㄒㄧㄢˋ，感應)*

《象》曰：咸臨貞吉，志行正也。

九二，咸臨，吉，无不利。

《象》曰：咸臨吉无不利，未順命也。

六三，甘臨，无攸利，既憂之，无咎。 *(甘：指甜言巧語)*

《象》曰：甘臨，位不當也。既憂之，咎不長也。

六四，至臨，无咎。 *(至：極為親近，有親近眾人之象)*

《象》曰：至臨无咎，位當也。

六五，知臨，大君之宜，吉。 *(知：智也，喻以明智監臨於人)*

《象》曰：大君之宜，行中之謂也。

上六，敦臨，吉，无咎。 *(敦：敦厚，喻以敦厚仁惠之心監臨於人)*

《象》曰：敦臨之吉，志在內也。

20. 觀卦 ䷓ 坤下巽上 音灌，展示。或音官，觀摩、細看

卦辭：觀，盥而不薦，有孚顒若。 *(顒：音ㄩㄥˊ，莊重虔誠貌)*

《彖》曰：大觀在上，順而巽，中正以觀天下。觀，盥而不薦，有孚顒若，下觀而化也。觀天之神道，而四時不忒。聖人以神道設教，而天下服矣。 *(忒：音ㄊㄜˋ，差錯)*

《象》曰：風行地上，觀，先王以省方，觀民設教。

初六，童觀，小人无咎，君子吝。 *(童觀：喻如童般識見淺陋)*

《象》曰：初六童觀，小人道也。

六二，闚觀，利女貞。 *(闚：音ㄎㄨㄟ同「窺」，闚觀喻褊狹地觀察事物)*

《象》曰：闚觀女貞，亦可醜也。 *(醜：音ㄔㄡˇ，引申為羞恥)*

六三，觀我生，進退。 *(觀我生：意指認真察省自我的行為)*

《象》曰：觀我生進退，未失道也。

六四，觀國之光，利用賓于王。 *(觀國之光：喻指瞻仰王朝的盛德)*

《象》曰：觀國之光，尚賓也。 *(尚：尊重)*

九五，觀我生，君子无咎。 *(觀我生：九五受人瞻仰並省察自我的行為)*

《象》曰：觀我生，觀民也。

上九，觀其生，君子无咎。 *(觀其生：上九意識到為人所注目)*

《象》曰：觀其生，志未平也。 *(志未平：指心志仍然不能安逸)*

21. 噬嗑卦 ䷔ 震下離上　噬嗑，音「誓合」。噬為囓、咬。嗑為合。噬嗑即囓咬之而使合。

卦辭：噬嗑，亨，利用獄。

《彖》曰：頤中有物，曰噬嗑。噬嗑而亨，剛柔分，動而明，雷電合而章。
　　柔得中而上行，雖不當位，利用獄也。

《象》曰：雷電，噬嗑，先王以明罰敕法。

(敕：音ㄔˋ，正也，明罰敕法：申明刑罰，端正法律)

初九，屨校滅趾，无咎。　*(校：音ㄐㄧㄠˋ，足械；屨：音ㄐㄩˋ，鞋)*

《象》曰：屨校滅趾，不行也。

六二，噬膚滅鼻，无咎。　*(噬：音ㄕˋ，咬；膚：膚肉，軟嫩易食)*

《象》曰：噬膚滅鼻，乘剛也。

六三，噬腊肉，遇毒。小吝，无咎。　*(腊：音ㄒㄧˊ，乾肉)*

《象》曰：遇毒，位不當也。

九四，噬乾胏，得金矢。利艱貞，吉。　*(胏：音ㄗˇ，帶骨的肉)*

《象》曰：利艱貞吉，未光也。

六五，噬乾肉，得黃金。貞厲，无咎。

《象》曰：貞厲无咎，得當也。

上九，何校滅耳，凶。

《象》曰：何校滅耳，聰不明也。

22. 賁卦 ䷕ 離下艮上 賁，音臂，文明、裝飾

卦辭：賁，亨，小利有攸往。 *(賁：音ㄅㄧˋ，意為文飾)*

《象》曰：賁，亨，柔來而文剛，故亨。分剛上而文柔，故小利有攸往。天文也。文明以止，人文也。觀乎天文，以察時變。觀乎人文，以化成天下。

《象》曰：山下有火，賁。君子以明庶政，无敢折獄。 (庶政：日常政務)

初九，賁其趾，舍車而徒。 *(本爻意指，文飾剛開始必須符合身分，不能追求華飾)*

《象》曰：舍車而徒，義弗ㄈㄨˋ乘也。

六二，賁其須。 (須，鬚的古字)

《象》曰：賁其須，與上興也。

九三，賁如濡如，永貞吉。 *(濡：音ㄖㄨˊ，潤澤)*

《象》曰：永貞之吉，終莫之陵也。

六四，賁如，皤如，白馬翰如，匪寇婚媾ㄍㄡˋ。 *(皤：音ㄆㄛˊ，素白)*

《象》曰：六四當位，疑也。匪寇婚媾，終无尤也。

六五，賁于丘園，束帛ㄅㄛˊ戔ㄐㄢ戔ㄐㄢ。吝，終吉。 *(戔戔：很微薄的樣子)*

《象》曰：六五之吉，有喜也。

上九，白賁，无咎。

《象》曰：白賁无咎，上得志也。

23. 剝卦 ䷖ 坤下艮上 剝落、剝爛

卦辭：剝，不利有攸往。

《彖》曰：剝，剝也，柔變剛也。不利有攸往，小人長也。順而止之，觀象也。君子尚消息盈虛，天行也。

《象》曰：山附於地，剝，上以厚下安宅。

初六，剝牀以足，蔑ㄇㄧㄝˋ貞凶。 *(蔑：通「滅」，毀滅)*

《象》曰：剝牀以足，以滅下也。

六二，剝牀以辨，蔑貞凶。

《象》曰：剝牀以辨，未有與也。

六三，剝之无咎。

《象》曰：剝之无咎，失上下也。

六四，剝牀以膚，凶。

《象》曰：剝牀以膚，切近災也。

六五，貫魚以宮人寵，无不利。

《象》曰：以宮人寵，終无尤也。

上九，碩果不食，君子得輿ㄩˊ，小人剝廬ㄌㄨˊ。 *(廬：房屋)*

《象》曰：君子得輿ㄩˊ，民所載也。小人剝廬，終不可用也。

24. 復卦 ䷗ 震下坤上　回家，一陽復生，返本歸根

卦辭：復，亨。出入无疾，朋來无咎。反復其道，七日來復，利有攸往。

《彖》曰：復，亨。剛反，動而以順行，是以出入无疾，朋來无咎。反復其道，七日來復，天行也。利有攸往，剛長也。復，其見天地之心乎。

《象》曰：雷在地中，復，先王以至日閉關，商旅不行，后不省ㄒㄧㄥˇ方。

初九，不遠復，无祇悔，元吉。 *(祇：音ㄓ，指災病)*

《象》曰：不遠之復，以修身也。

六二，休復，吉。 *(休復：向美善回復；休：美也)*

《象》曰：休復之吉，以下仁也。

六三，頻復，厲，无咎。 *(頻復：皺眉頭，勉強回復正道)*

《象》曰：頻復之厲，義无咎也。

六四，中行獨復。 *(獨復：獨自果敢行動，回復正道)*

《象》曰：中行獨復，以從道也。

六五，敦復，无悔。 *(敦復：敦厚篤誠地回復善道)*

《象》曰：敦復无悔，中以自考也。

上六，迷復，凶，有災眚ㄕㄥˇ。用行師，終有大敗。以其國君，凶，至于十年不克征。 *(眚：眼病，比喻禍患)*

《象》曰：迷復之凶，反君道也。

25. 无妄卦 ䷘ 震下乾上 至誠而無所虛妄

卦辭：无妄，元亨利貞。其匪正有眚ㄕㄥˇ，不利有攸往。

《彖》曰：无妄，剛自外來而為主于內。動而健，剛中而應，大亨以正，天之命也。其匪正有眚，不利有攸往。无妄之往，何之矣？天命不祐，行矣哉？

《象》曰：天下雷行，物與无妄。先王以茂對時育萬物。

初九，无妄，往吉。

《象》曰：无妄之往，得志也。

六二，不耕穫ㄏㄨㄛˋ，不菑ㄗ 畬ㄩˊ，則利有攸往。 *(菑：指瘠田；畬：指：良田)*

《象》曰：不耕穫，未富也。

六三，无妄之災，或繫之牛。行人之得，邑人之災。

《象》曰：行人得牛，邑人災也。

九四，可貞，无咎。

《象》曰：可貞无咎，固有之也。

九五，无妄之疾，勿藥有喜。

《象》曰：无妄之藥，不可試也。

上九，无妄，行有眚，无攸利。

《象》曰：无妄之行，窮之災也。

26. 大畜卦 ䷙ 乾下艮上 大的蘊畜，陽氣畜聚

卦辭：大畜，利貞，不家食吉，利涉大川。

《彖》曰：大畜，剛健篤實，輝光日新其德，剛上而尚賢，能止健，大正也。不家食吉，養賢也。利涉大川，應乎天也。

《象》曰：天在山中，大畜。君子以多識前言往行，以畜其德。

初九，有厲，利已。

《象》曰：有厲利已，不犯災也。

九二，輿ㄩˊ說輹ㄈㄨˋ。 *(說：音脫，指脫離之義務；輹：輻條)*

《象》曰：輿說輹，中无尤也。

九三，良馬逐，利艱貞。曰閑ㄒㄧㄢˊ輿衛，利有攸往。 *(閑：熟練；輿衛：駕車與防衛)*

《象》曰：利有攸往，上合志也。

六四，童牛之牿ㄍㄨˋ，元吉。 *(牿：加於牛角以防傷人的橫木)*

《象》曰：六四元吉，有喜也。

六五，豶ㄈㄣˊ豕ㄕˇ之牙，吉。 *(豶豕：閹割過的豬)*

《象》曰：六五之吉，有慶也。

上九，何天之衢ㄑㄩˊ，亨。 *(衢：四通八達的大路)*

《象》曰：何天之衢，道大行也。

27. 頤卦 ䷚ 震下艮上 頤：口頰，引申為養

卦辭：頤ㄧˊ貞吉，觀頤，自求口實。

《彖》曰：頤貞吉，養正則吉也。觀頤，觀其所養也。自求口實，觀其自養也。天地養萬物，聖人養賢以及萬民，頤之時大矣哉。

《象》曰：山下有雷，頤，君子以慎言語、節飲食。

初九，舍爾靈龜，觀我朵ㄉㄨㄛˇ頤，凶。 *(本爻意指捨棄自我明德，貪欲求食，凶)*

《象》曰：觀我朵頤，亦不足貴也。

六二，顛ㄉㄧㄢ頤，拂ㄈㄨˊ經；于丘頤，征凶。 *(顛頤：求養於下；拂經：違反常道)*

(本爻指求養於下而不養其上，必凶)

《象》曰：六二征凶，行失類也。

六三，拂頤，貞凶。十年勿用，无攸利。 *(拂頤：違反頤養的道理)*

《象》曰：十年勿用，道大悖ㄅㄟˋ也。

六四，顛頤，吉。虎視眈ㄉㄢ眈，其欲逐ㄓㄨˊ逐，无咎。 *(逐逐：相繼不斷)*

《象》曰：顛頤之吉，上施光也。

六五，拂ㄈㄨˊ經，居貞吉，不可涉大川。

《象》曰：居貞之吉，順以從上也。

上九，由頤，厲吉，利涉大川。 *(由頤：依賴它而獲得頤養)*

《象》曰：由頤厲吉，大有慶也。

28. 大過卦 ䷛ 巽下兌上　大過人之作為，陽氣過盛

卦辭：大過，棟橈ㄋㄠˊ。利有攸往，亨。

《彖》曰：大過，大者過也。棟橈，本末弱也。剛過而中，巽而說ㄩㄝˋ行，利有攸往，乃亨。大過之時大矣哉！

《象》曰：澤滅木，大過。君子以獨立不懼ㄐㄩˋ，遯ㄉㄨㄣˋ世无悶ㄇㄣˋ。

初六，藉用白茅，无咎。　*(藉：襯墊)*

《象》曰：藉用白茅，柔在下也。

九二，枯楊生稊ㄊㄧˊ，老夫得其女妻，无不利。　*(稊：新生的嫩芽)*

《象》曰：老夫女妻，過以相與也。

九三，棟橈，凶。

《象》曰：棟橈之凶，不可以有輔也。

九四，棟隆，吉，有它吝。

《象》曰：棟隆之吉，不橈乎下也。

九五，枯楊生華，老婦得其士夫，无咎无譽。

《象》曰：枯楊生華，何可久也？老婦士夫，亦可醜也。

上六，過涉滅頂，凶，无咎。

《象》曰：過涉之凶，不可咎也。

29. 坎卦 ䷜ 坎下坎上　雙重的險陷，習慣於重險

卦辭：習坎，有孚，維心亨，行有尚。

《彖》曰：習坎，重險也。水流而不盈，行險而不失其信。維心亨，乃以剛中也。行有尚，往有功也。天險不可升也，地險山川丘陵也。王公設險以守其國，險之時用大矣哉！

《象》曰：水洊ㄐㄧㄢˋ至，習坎。君子以常德行，習教事。 *(洊：再的意思)*

初六，習坎，入于坎窞ㄉㄢˋ，凶。 *(窞：陷中之陷)*

《象》曰：習坎入坎，失道凶也。

九二，坎有險，求小得。 *(本爻意旨處於險陷，不可操之過急，當逐步脫險)*

《象》曰：求小得，未出中也。

六三，來之坎坎，險且枕ㄓㄣˇ。入于坎窞，勿用。 *(枕：通「沈」。深也)*

《象》曰：來之坎坎，終无功也。

六四，樽ㄗㄨㄣ 酒，簋ㄍㄨㄟˇ 貳，用缶ㄈㄡˇ。納約自牖ㄧㄡˇ，終无咎。

《象》曰：樽酒簋貳，剛柔際也。

九五，坎不盈，祇既平，无咎。 *(祇：音ㄓ，指小丘)*

《象》曰：坎不盈，中未大也。

上六，係用徽纆ㄇㄛˋ，寘ㄓˋ于叢棘ㄐㄧˊ。三歲不得，凶。

(徽纆：繩索；寘：同「置」，囚禁；叢棘：指牢獄)

《象》曰：上六失道，凶三歲也。

30. 離卦 ䷝ 離下離上　附著、附麗

卦辭：離，利貞，亨，畜牝ㄆㄧㄣˋ牛吉。

《彖》曰：離，麗也。日月麗乎天，百穀草木麗乎土，重明以麗乎正，乃化成天下。柔麗乎中正，故亨，是以畜牝牛吉也。

《象》曰：明兩作，離，大人以繼明照于四方。

初九，履錯然，敬之，无咎。

《象》曰：履錯之敬，以辟ㄅㄧˋ咎也。

六二，黃離，元吉。

《象》曰：黃離元吉，得中道也。

九三，日昃ㄗㄜˋ之離，不鼓缶而歌，則大耋ㄉㄧㄝˊ之嗟ㄐㄧㄝ，凶。 *(昃：日斜)*

《象》曰：日昃之離，何可久也。

九四，突如其來如，焚如，死如，棄如。

《象》曰：突如其來如，无所容也。

六五，出涕ㄊㄧˋ沱ㄊㄨㄛˊ若，戚ㄑㄧ嗟若，吉。

《象》曰：六五之吉，離王公也。

上九，王用出征，有嘉折首，獲匪其醜，无咎。

《象》曰：王用出征，以正邦也。

下經(咸卦至未濟)

31. 咸卦 ䷞ 艮下兌上　感動、感應

卦辭：咸，亨利貞，取女吉。

《彖》曰：咸，感也。柔上而剛下，二氣感應以相與，止而說，男下女，是以亨利貞，取女吉也。天地感而萬物化生，聖人感人心而天下和平。觀其所感，而天地萬物之情可見矣。

《象》曰：山上有澤，咸，君子以虛受人。

初六，咸其拇。

《象》曰：咸其拇，志在外也。

六二，咸其腓ㄈㄟˊ，凶，居吉。　*(腓：小腿肚)*

《象》曰：雖凶居吉，順不害也。

九三，咸其股，執其隨，往吝。　*(股：大腿；執：執意；隨：隨泛不專)*

《象》曰：咸其股，亦不處也。志在隨人，所執下也。

九四，貞吉，悔亡。憧ㄔㄨㄥ憧往來，朋從爾思。　*(憧憧：心神不定之狀)*

《象》曰：貞吉悔亡，未感害也。憧憧往來，未光大也。

九五，咸其脢ㄇㄟˊ，无悔。　*(脢：背肉)*

《象》曰：咸其脢，志末也。

上六，咸其輔頰舌。

《象》曰：咸其輔頰舌，滕口說也。

32. 恆卦 ䷟ 巽下震上　恆或作恒，永恆、長久

卦辭：恆，亨，无咎，利貞，利有攸往。

《彖》曰：恆，久也。剛上而柔下，雷風相與，巽而動，剛柔皆應，恆。恆，亨，无咎，利貞，久于其道也。天地之道，恆久而不已也。利有攸往，終則有始也。日月得天而能久照，四時變化而能久成，聖人久于其道而天下化成，觀其所恆而天地萬物之情可見矣。

《象》曰：雷風，恆，君子以立不易方。

初六，浚ㄐㄩㄣˋ恆，貞凶，无攸利。 *(浚恆：深求恆道)*

《象》曰：浚恆之凶，始求深也。

九二，悔亡。

《象》曰：九二悔亡，能久中也。

九三，不恆其德，或承之羞，貞吝。

《象》曰：不恆其德，无所容也。

九四，田无禽。

《象》曰：久非其位，安得禽也？

六五，恆其德貞，婦人吉，夫子凶。

《象》曰：婦人貞吉，從一而終也。夫子制義，從婦凶也。

上六，振恆，凶。 *(振恆：表動不安於恆久之道。振，振動)*

《象》曰：振恆在上，大无功也。

33. 遯卦 ䷠ 艮下乾上　遯，音遁，隱退逃去也

卦辭：遯ㄉㄨㄣˋ亨，小利貞。

《彖》曰：遯亨，遯而亨也。剛當位而應，與時行也。小利貞，浸而長也。

遯之時義大矣哉！

《象》曰：天下有山，遯。君子以遠小人，不惡而嚴。

初六，遯尾厲，勿用有攸往。　*(遯尾：退避時落在末尾)*

《象》曰：遯尾之厲，不往何災也？

六二，執之用黃牛之革，莫之勝說。　*(說，音義同「脫」)*

《象》曰：執用黃牛，固志也。

九三，係遯，有疾厲，畜臣妾吉。　*(係遯：心有所牽繫而不退避)*

《象》曰：係遯之厲，有疾憊也。畜臣妾吉，不可大事也。

九四，好遯，君子吉，小人否。　*(好遯：捨棄所好而退避)*

《象》曰：君子好遯，小人否也。

九五，嘉遯，貞吉。　*(嘉遯：盡善盡美及時地退避)*

《象》曰：嘉遯貞吉，以正志也。

上九，肥遯，无不利。　*(肥遯：表高飛遠避。肥通「蜚」，飛也)*

《象》曰：肥遯无不利，无所疑也。

34. 大壯卦 ䷡ 乾下震上　陽氣壯盛

卦辭：大壯，利貞。

《彖》曰：大壯，大者壯也。剛以動，故壯。大壯利貞，大者正也。正大而天地之情可見矣。

《象》曰：雷在天上，大壯，君子以非禮弗履。

初九，壯于趾，征凶，有孚。

《象》曰：壯于趾，其孚窮也。

九二，貞吉。

《象》曰：九二貞吉，以中也。

九三，小人用壯，君子用罔ㄨㄤˇ，貞厲。羝ㄉㄧ羊觸藩ㄈㄢˊ，羸ㄌㄟˊ其角。

(羝：公羊；藩：籬笆；羸：纏繞，引申為弱、困。)

《象》曰：小人用壯，君子罔也。

九四，貞吉，悔亡。藩決不羸，壯于大輿ㄩˊ之輹ㄈㄨˋ。

《象》曰：藩ㄈㄢˊ決不羸ㄌㄟˊ，尚往也。

六五，喪羊于易，无悔。

《象》曰：喪羊于易，位不當也。

上六，羝羊觸藩，不能退，不能遂ㄙㄨㄟˊ。无攸利，艱則吉。*(遂：達到前進的目的)*

《象》曰：不能退，不能遂，不詳也。艱則吉，咎不長也。

35. 晉卦 ䷢ 坤下離上　上進、晉陞

卦辭：晉，康侯用錫馬蕃庶，晝日三接。

《彖》曰：晉，進也。明出地上，順而麗乎大明，柔進而上行，是以康侯用

錫ㄒㄧˊ馬蕃ㄈㄢˊ庶ㄕㄨˋ，晝日三接也。　*(錫馬蕃庶：賞賜眾多馬匹)*

《象》曰：明出地上，晉，君子以自昭明德。

初六，晉如摧ㄘㄨㄟ如，貞吉。罔孚，裕无咎。

(本爻意指進長之初當守持貞正，寬裕緩進，摧：摧折拙敗)

《象》曰：晉如摧如，獨行正也。裕无咎，未受命也。

六二，晉如愁如，貞吉。受茲ㄗ介福，于其王母。

(本爻意指進長之時守正持中，可消愁得福)

《象》曰：受茲介福，以中正也。

六三，眾允，悔亡。

《象》曰：眾允之，志上行也。

九四，晉如鼫ㄕˊ鼠，貞厲。

(本爻意指進長之時不專一，要謹防危險。鼫鼠：喻五技不專一)

《象》曰：鼫鼠貞厲，位不當也。

六五，悔亡，失得勿恤ㄒㄩˋ。往吉，无不利。　*(恤：憂慮，計較)*

《象》曰：失得勿恤，往有慶也。

上九，晉其角，維用伐邑。厲吉无咎，貞吝。

(本爻意指進極轉衰時，可行非常之事以立功，但須謹守貞正)

《象》曰：維用伐邑，道未光也。

36. 明夷卦 ䷣ 離下坤上　光明痍傷，世界黑暗

卦辭：明夷，利艱貞。

《彖》曰：明入地中，明夷。內文明而外柔順，以蒙大難，文王以之。利艱貞，晦ㄏㄨㄟˋ其明也。內難而能正其志，箕ㄐㄧ子以之。 *(晦：隱晦)*

《象》曰：明入地中，明夷。君子以莅ㄌㄧˋ眾，用晦而明。

初九，明夷于飛，垂其翼ㄧˋ，君子于行，三日不食。有攸往，主人有言。

《象》曰：君子于行，義不食也。

六二，明夷，夷于左股，用拯馬壯吉。*(本爻意指光明殞傷甚重，須待強援方可獲吉)*

《象》曰：六二之吉，順以則也。

九三，明夷于南狩ㄕㄡˋ，得其大首，不可疾貞。

(本爻意指當爭取光明的恢復，但不可操之過急。狩：征討之義)

《象》曰：南狩之志，乃得大也。

六四，入于左腹ㄈㄨˋ，獲明夷之心，于出門庭。

《象》曰：入于左腹，獲心意也。

六五，箕子之明夷，利貞。

《象》曰：箕子之貞，明不可息也。

上六，不明晦，初登于天，後入于地。

《象》曰：初登于天，照四國也。後入于地，失則也。

37. 家人卦 ䷤ 離下巽上　一家之人

卦辭：家人，利女貞。

《彖》曰：家人，女正位乎內，男正位乎外。男女正，天地之大義也。家人有嚴君焉，父母之謂也。父父子子，兄兄弟弟，夫夫婦婦，而家道正。正家，而天下定矣。

《象》曰：風自火出，家人，君子以言有物，而行有恆。

初九，閑ㄒㄧㄢˊ有家，悔亡。 *(閑：防止，指防止邪僻)*

《象》曰：閑有家，志未變也。

六二，无攸遂ㄙㄨㄟˋ，在中饋ㄎㄨㄟˋ，貞吉。 *(无攸遂：無所成就；饋：進食)*

《象》曰：六二之吉，順以巽也。 *(巽：謙遜，溫遜)*

九三，家人嗃ㄏㄜˋ嗃，悔厲吉。婦子嘻ㄒㄧ嘻，終吝。*(嗃：音鶴，嚴厲貌，愁苦之狀)*

《象》曰：家人嗃嗃，未失也。婦子嘻嘻，失家節也。

六四，富家，大吉。

《象》曰：富家大吉，順在位也。

九五，王假有家，勿恤ㄒㄩˋ，吉。 *(假：大也；恤：憂慮)*

《象》曰：王假有家，交相愛也。

上九，有孚威如，終吉。 *(威如：威嚴的樣子)*

《象》曰：威如之吉，反身之謂也。

38. 睽卦 ䷥ 兌下離上　睽，音葵，乖離、離異也

卦辭：睽ㄎㄨㄟˊ，小事吉。*(睽：指兩目相背；小事：指小心處事)*

《彖》曰：睽，火動而上，澤動而下；二女同居，其志不同行。說而麗乎明，柔進而上行，得中而應乎剛，是以小事吉。天地睽而其事同也，男女睽而其志通也，萬物睽而其事類也，睽之時用大矣哉！

《象》曰：上火下澤，睽，君子以同而異。

初九，悔亡，喪馬勿逐ㄓㄨˊ自復。見惡人，无咎。*(本爻意指靜守寬容，則可免咎)*

《象》曰：見惡人，以辟ㄅㄧˋ咎也。*(見惡人：指寬的會見有惡行之人)*

九二，遇主于巷，无咎。 *(本爻意指乖背之時尋求遇合，可得無咎)*

《象》曰：遇主于巷，未失道也。

六三，見輿ㄩˊ曳ㄧˋ，其牛掣ㄔㄜˋ。其人天且劓ㄧˋ，无初有終。

(輿：大車；曳：拖住；掣：牽制；天：刺額之刑；劓：割鼻之刑)

《象》曰：見輿曳，位不當也。无初有終，遇剛也。

九四，睽孤，遇元夫。交孚，厲，无咎。

《象》曰：交孚无咎，志行也。

六五，悔亡。厥ㄐㄩㄝˊ宗噬ㄕˋ膚，往何咎？ *(噬膚：咬破皮膚)*

《象》曰：厥宗噬膚，往有慶也。

上九，睽孤，見豕ㄕˇ負塗，載鬼一車。先張之弧，後說之弧。匪寇婚媾。往，遇雨則吉。

《象》曰：遇雨之吉，群疑亡也。

39. 蹇卦 ䷦ 艮下坎上　蹇，音簡，跛腳而難行

卦辭：蹇ㄐㄧㄢˇ，利西南，不利東北。利見大人，貞吉。

(卦旨：險難之時，當追隨尊者，避險就夷)

《彖》曰：蹇，難也，險在前也。見險而能止，知矣哉！蹇，利西南，往得中也；不利東北，其道窮也。利見大人，往有功也；當位貞吉，以正邦也。蹇之時用大矣哉！

《象》曰：山上有水，蹇，君子以反身脩ㄒㄧㄡ德。

初六，往蹇來譽。 *(本爻意旨行走險難時，識時返回可獲稱譽)*

《象》曰：往蹇來譽，宜待也。

六二，王臣蹇蹇，匪躬之故。 *(蹇蹇：勤勉艱難的奔走之狀)*

《象》曰：王臣蹇蹇，終无尤也。

九三，往蹇來反。

《象》曰：往蹇來反，內喜之也。

六四，往蹇來連。 *(本爻意旨前行險難時，當返連結同志，充實力量)*

《象》曰：往蹇來連，當位實也。

九五，大蹇朋來。 *(本爻意旨險難之時，中正堅韌，朋友將來相助)*

《象》曰：大蹇朋來，以中節也。

上六，往蹇來碩，吉，利見大人。*(本爻意旨險難將通時，仍當謹慎，並依從尊者)*

《象》曰：往蹇來碩，志在內也。利見大人，以從貴也。*(碩：音石，大功也)*

40. 解卦 ䷧ 坎下震上　音蟹，鬆懈、懈怠。又音解釋之解，解脫、解剖、解救也。

卦辭：解，利西南。无所往，其來復吉；有攸往，夙吉。

《彖》曰：解，險以動，動而免乎險，解。解，利西南，往得眾也。其來復吉，乃得中也。有攸往夙吉，往有功也。天地解而雷雨作，雷雨作而百果草木皆甲坼ㄔㄜˋ，解之時大矣哉！ *(坼：列開；甲坼：外殼列開)*

《象》曰：雷雨作，解。君子以赦ㄕㄜˋ過宥ㄧㄡˋ罪。*(赦：赦免；宥：寬恕)*

初六，无咎。 *(本爻意旨險難初步解除，必無禍害)*

《象》曰：剛柔之際，義无咎也。

九二，田獲三狐，得黃矢ㄕˇ，貞吉。 *(黃矢：比喻中和剛直之德)*

《象》曰：九二貞吉，得中道也。

六三，負且乘，致寇至，貞吝。 *(負：背負重物；乘：乘車；致：招致；寇：外寇)*

《象》曰：負且乘，亦可醜也。自我致戎ㄖㄨㄥˊ，又誰咎也？ *(醜：醜惡)*

九四，解而拇ㄇㄨˇ，朋至斯孚。 *(本爻意指解除隱患，則可得朋友誠信相交)*

《象》曰：解而拇，未當位也。

六五，君子維有解，吉，有孚于小人。

(本爻意旨君子當解除險難隱患，以誠信感化小人)

《象》曰：君子有解，小人退也。

上六，公用射隼ㄓㄨㄣˇ于高墉ㄩㄥ之上，獲之，无不利。 *(隼：惡鳥；墉：城牆)*

《象》曰：公用射隼，以解悖ㄅㄟˋ也。 *(悖：背逆)*

41. 損卦 ䷨ 兌下艮上 減損，精簡、簡單為美

卦辭：損，有孚，元吉，无咎，可貞，利有攸往。曷ㄏㄜˊ之用？二簋ㄍㄨㄟˇ可用享。 *(簋：盛飯的器皿)*

《彖》曰：損，損下益上，其道上行。損而有孚，元吉。无咎，可貞，利有攸往。曷之用？二簋可用享。二簋應有時，損剛益柔有時。損益盈虛，與時偕行。

《象》曰：山下有澤，損，君子以懲ㄔㄥˊ忿ㄈㄣˋ窒ㄓˋ欲。

(懲忿：懲戒忿怒之氣；窒：窒塞，堵塞)

初九，已事遄ㄔㄨㄢˊ往，无咎。酌ㄓㄨㄛˊ損之。*(酌：斟酌)*

《象》曰：已事遄ㄔㄨㄢˊ往，尚合志也。*(已事：終止自己的事；遄：迅速)*

九二，利貞，征凶。弗損，益之。 *(本爻意旨中和守正，可不自損而益上)*

《象》曰：九二利貞，中以為志也。

六三，三人行，則損一人；一人行，則得其友。

(本爻意旨減損下之有餘，增益上之不足)

《象》曰：一人行，三則疑也。

六四，損其疾，使遄有喜。无咎。 *(疾：疾病，喻缺陷)*

《象》曰：損其疾，亦可喜也。

六五，或益之十朋之龜，弗克違，元吉。 *(或：有人；朋：指價昂貴)*

《象》曰：六五元吉，自上祐也。

上九，弗損，益之。无咎，貞吉，利有攸往。得臣无家。

《象》曰：弗損，益之，大得志也。

42. 益卦 ䷩ 震下巽上　增益，精益求精

卦辭：益，利有攸往，利涉大川。 *(卦旨增益於下，可有為而涉險)*

《彖》曰：益，損上益下，民說无疆。自上下下，其道大光。利有攸往，中正有慶。利涉大川，木道乃行。益，動而巽，日進无疆。天施地生，其益无方。凡益之道，與時偕行。

《象》曰：風雷，益，君子以見善則遷，有過則改。

初九，利用為大作，元吉，无咎。 *(本爻意旨受到增益，可以大有作為而無咎)*

《象》曰：元吉无咎，下不厚事也。

六二，或益之十朋之龜，弗克違，永貞吉。王用享于帝，吉。 *(參考損卦六五爻)*

《象》曰：或益之，自外來也。

六三，益之用凶事，无咎。有孚中行，告公用圭《ㄨㄟ。 *(用凶事：治理凶險之事)*

《象》曰：益用凶事，固有之也。 *(固：牢固)*

六四，中行，告公從，利用為依遷國。*(本爻意旨當堅持中道，依附君子，施益下民)*

《象》曰：告公從，以益志也。

九五，有孚惠心，勿問，元吉。有孚惠我德。

(本爻意旨誠心施惠於下民。必獲大吉祥)

《象》曰：有孚惠心，勿問之矣。惠我德，大得志也。

上九，莫益之，或擊之。立心勿恆，凶。 *(本爻意旨貪益無厭，必轉益為損而致凶)*

《象》曰：莫益之，偏辭也。或擊之，自外來也。*(偏辭：偏執之辭)*

43. 夬卦 ☱☰ 乾下兌上　夬，音怪，或音決，分決、解決

卦辭：夬，揚于王庭，孚號有厲。告自邑，不利即戎，利有攸往。

(卦旨決斷除去邪惡，當公布其罪，告誡有險，勿用武力)

《彖》曰：夬，決也，剛決柔也。健而說，決而和。揚于王庭，柔乘五剛也。孚號有厲，其危乃光也。告自邑，不利即戎，所尚乃窮也。利有攸往，剛長乃終也。

《象》曰：澤上于天，夬。君子以施祿及下，居德則忌。 *(祿：恩澤)*

初九，壯于前趾ㄓˇ，往不勝為咎。 *(本爻意旨決斷除去小人不可過於急躁，否則致咎)*

《象》曰：不勝而往，咎也。

九二，惕ㄊㄧˋ號，莫夜有戎，勿恤ㄒㄩˋ。 *(惕：惕懼；莫：同「暮」；戎：兵戎)*

《象》曰：有戎勿恤，得中道也。 *(戎：戰爭；恤：憂慮)*

九三，壯于頄ㄎㄨㄟˊ，有凶。君子夬夬，獨行遇雨，若濡ㄖㄨˊ有慍ㄩㄣˋ，无咎。

(頄：顴骨，指臉；夬夬：果決之狀；濡：霑濕；慍：忿怒)

《象》曰：君子夬夬，終无咎也。

九四，臀ㄊㄨㄣˊ无膚，其行次且ㄐㄩ。牽羊悔亡，聞言不信。 *(次且：行走困難之狀)*

《象》曰：其行次且，位不當也。聞言不信，聰不明也。

九五，莧ㄒㄧㄢˋ陸夬夬，中行无咎。 *(莧：即馬齒莧，性脆弱易折)*

《象》曰：中行无咎，中未光也。

上六，无號，終有凶。 *(本爻意指小人終將被決斷清除。无號：指號亦無益)*

《象》曰：无號之凶，終不可長也。

44. 姤卦 ䷫ 巽下乾上　姤本作遘，偶遇，不期而遇

卦辭：姤ㄍㄡˋ，女壯，勿用取女。

《彖》曰：姤，遇也，柔遇剛也。勿用取女，不可與長也。天地相遇，品物咸章也。剛遇中正，天下大行也，姤之時義大矣哉！

《象》曰：天下有風，姤，后以施命誥ㄍㄠˋ四方。*(施命：發布王命；誥：傳告)*

初六，繫于金柅ㄋㄧˇ，貞吉。有攸往，見凶。羸ㄌㄟˊ豕ㄕˇ孚蹢ㄓˊ躅ㄓㄨˊ。

(柅：止車器。羸：纏繞、柔弱。蹢躅：原地跳躑)

《象》曰：繫于金柅，柔道牽也。

九二，包有魚，无咎，不利賓。*(本爻意指所遇非己屬，則不可據為己有)*

《象》曰：包有魚，義不及賓也。

九三，臀无膚，其行次且。厲，无大咎。*(本爻意旨無所遇合而勉強前往，有險無大咎)*

《象》曰：其行次且，行未牽也。

九四，包无魚，起凶。*(本爻意旨失其所遇，亦不可興起爭執；起：興起爭執)*

《象》曰：无魚之凶，遠民也。

九五，以杞ㄑㄧˇ包瓜，含章，有隕自天。*(杞：一種高大的喬木)*

《象》曰：九五含章，中正也。有隕ㄩㄣˇ自天，志不舍命也。*(隕：下降、隕落)*

上九，姤其角，吝，无咎。*(本爻意指遇合之道已達窮極，有吝而無咎)*

《象》曰：姤其角，上窮吝也。

45. 萃卦 ䷬ 坤下兌上 萃，聚也

卦辭：萃ㄘㄨㄟˋ，亨。王假有廟，利見大人。亨利貞，用大牲ㄕㄥ 吉，利有攸往。

《彖》曰：萃，聚也。順以說，剛中而應，故聚也。王假有廟，致孝享也。利見大人，亨，聚以正也。用大牲吉，利有攸往，順天命也。觀其所聚，而天地萬物之情可見矣。

《象》曰：澤上於地，萃，君子以除戎器，戒不虞。

初六，有孚不終，乃亂乃萃。若號ㄏㄠˊ，一握為笑，勿恤ㄒㄩˋ，往无咎。

《象》曰：乃亂乃萃，其志亂也。

六二，引吉无咎，孚乃利用禴ㄩㄝˋ。 *(引：援引；禴：殷之春祭)*

《象》曰：引吉无咎，中未變也。

六三，萃如嗟ㄐㄧㄝ如，无攸利。往无咎，小吝。 *(嗟如：嗟嘆之意)*

《象》曰：往无咎，上巽也。

九四，大吉无咎。

《象》曰：大吉无咎，位不當也。

九五，萃有位，无咎。匪孚，元永貞，悔亡。

《象》曰：萃有位，志未光也。

上六，齎ㄐㄧ 咨ㄗ 涕ㄊㄧˋ洟ㄧˊ，无咎。 *(齎咨：嗟歎聲；涕洟：鼻涕)*

《象》曰：齎咨涕洟，未安上也。

46. 升卦　䷭　巽下坤上　登階而上，逐步上升

卦辭：升，元亨。用見大人，勿恤ㄒㄩˋ，南征吉。

《彖》曰：柔以時升，巽而順，剛中而應，是以大亨。用見大人，勿恤，有慶也。南征吉，志行也。

《象》曰：地中生木，升，君子以順德，積小以高大。

初六，允升，大吉。 *(允：信允，誠信)*

《象》曰：允升大吉，上合志也。

九二，孚乃利用禴ㄩㄝˋ，无咎。 *(禴：殷之春祭)*

《象》曰：九二之孚，有喜也。

九三，升虛邑ㄧˋ。 *(本爻意旨堅持正道上升，將暢通無阻；虛邑：空虛的城邑)*

《象》曰：升虛邑，无所疑也。

六四，王用亨于岐ㄑㄧˊ山，吉，无咎。

《象》曰：王用亨于岐山，順事也。

六五，貞吉，升階。

《象》曰：貞吉升階，大得志也。

上六，冥ㄇㄧㄥˊ升，利于不息之貞。 *(冥：昏昧不明)*

《象》曰：冥升在上，消不富也。

47. 困卦 ䷮ 坎下兌上 窮困無路

卦辭：困，亨，貞大人吉，无咎。有言不信。

《彖》曰：困，剛揜ㄧㄢˇ也。險以說，困而不失其所亨，其唯君子乎。貞大人吉，以剛中也。有言不信，尚口乃窮也。 *(揜：通「掩」，掩蔽)*

《象》曰：澤无水，困，君子以致命遂ㄙㄨㄟˋ志。 *(致命：捨棄生命；遂：成就)*

初六，臀困于株ㄓㄨ木，入于幽谷，三歲不覿ㄉㄧˊ。 *(株木：樹樁；覿：見也)*

《象》曰：入于幽谷，幽不明也。

九二，困于酒食，朱紱ㄈㄨˊ方來，利用享祀，征凶，无咎。 *(朱紱：意指高官榮祿)*

《象》曰：困于酒食，中有慶也。

六三，困于石，據于蒺ㄐㄧˊ蔾ㄌㄧˊ，入于其宮，不見其妻，凶。

(據：憑靠；蒺蔾：有刺的草本植物；宮：居室))

《象》曰：據于蒺蔾，乘剛也。入于其宮不見其妻，不祥也。

九四，來徐徐，困于金車。吝，有終。 *(徐徐：緩慢行走之狀)*

《象》曰：來徐徐，志在下也。雖不當位，有與也。

九五，劓ㄧˋ刖ㄩㄝˋ，困于赤紱ㄈㄨˊ。乃徐有說，利用祭祀。

(劓：割鼻之刑；刖：砍足之刑；赤紱：喻尊位，說：音意通「脫」)

《象》曰：劓刖，志未得也。乃徐有說，以中直也。利用祭祀，受福也。

上六，困于葛ㄍㄜˇ藟ㄌㄟˇ，于臲ㄋㄧㄝˋ卼ㄨˋ，曰動悔有悔，征吉。

(葛藟：蔓藤類植物；臲卼：動搖不安之狀)

《象》曰：困于葛藟，未當也。動悔有悔，吉行也。

48. 井卦 ䷯ 巽下坎上　法也；井水，養民也，水清則民歸之

卦辭：井，改邑不改井，无喪无得，往來井井。汔ㄑㄧˋ至，亦未繘ㄩˋ井，羸ㄌㄟˊ其瓶，凶。 *(汔：接；繘：出；羸：翻覆)*

《彖》曰：巽乎水而上水，井，井養而不窮也。改邑不改井，乃以剛中也。（无喪无得，往來井井）汔至亦未繘井，未有功也。羸其瓶，是以凶也。

《象》曰：木上有水，井，君子以勞民勸相。

初六，井泥不食，舊井无禽。

《象》曰：井泥不食，下也。舊井无禽，時舍也。

九二，井谷射ㄧˋ鮒ㄈㄨˋ，甕ㄨㄥˋ敝ㄅㄧˋ漏。 *(射鮒：古代一種射魚的方法；敝：破舊)*

《象》曰：井谷射鮒，无與也。

九三，井渫ㄒㄧㄝˋ不食，為我心惻ㄘㄜˋ。可用汲ㄐㄧˊ，王明並受其福。

(渫：淘去污泥使水純淨；惻：悲傷；用汲：趕快汲水)

《象》曰：井渫不食，行惻也。求王明，受福也。

六四，井甃ㄓㄡˋ无咎。 *(甃：用磚修井)*

《象》曰：井甃无咎，脩ㄒㄧㄡ井也。

九五，井洌ㄌㄧㄝˋ，寒泉食。 (洌：水清)

《象》曰：寒泉之食，中正也。

上六，井收勿幕，有孚元吉。

《象》曰：元吉在上，大成也。

49. 革卦 ䷰ 離下兌上　變革、革命、去舊

卦辭：革，已日乃孚，元亨利貞，悔亡。 *(卦旨把握時機實行變革，才能取信於人)*

《彖》曰：革，水火相息，二女同居，其志不相得，曰革。已日乃孚，革而信之。文明以說，大亨以正，革而當，其悔乃亡。天地革而四時成，湯武革命，順乎天而應乎人。革之時大矣哉！

《象》曰：澤中有火，革，君子以治歷明時。

初九，鞏ㄍㄨㄥˇ用黃牛之革。 *(本爻意旨欲行變革，首先要固其基礎)*

《象》曰：鞏用黃牛，不可以有為也。

六二，已日乃革之，征吉，无咎。 *(本爻意旨把握時機前往變革，必無咎害)*

《象》曰：已日革之，行有嘉也。

九三，征凶，貞厲。革言三就，有孚。

(本爻意旨變革將有曲折，不可急於求成；三就：表多次)

《象》曰：革言三就，又何之矣？

九四，悔亡，有孚改命吉。 *(本爻意旨心懷誠信革除舊命，可獲吉祥)*

《象》曰：改命之吉，信志也。

九五，大人虎變，未占有孚。 *(本爻意旨大膽果斷的實行變革，必可取信於民)*

《象》曰：大人虎變，其文炳ㄅㄧㄥˇ也。 *(文炳：文彩炳煥)*

上六，君子豹變，小人革面。征凶，居貞吉。

《象》曰：君子豹變，其文蔚ㄨㄟˋ也。小人革面，順以從君也。

50. 鼎卦 ☲☴ 巽下離上　烹飪養賢、取新、佈置新氣象

卦辭：鼎，元吉亨。 *(卦旨製器而明新制，可大吉而亨通)*

《彖》曰：鼎，象也。以木巽火，亨飪也。聖人亨以享上帝，而大亨以養聖賢。巽而耳目聰明，柔進而上行，得中而應乎剛，是以元亨。

《象》曰：木上有火，鼎，君子以正位凝ㄋㄧㄥˊ命。 *(凝：嚴整之狀)*

初六，鼎顛趾，利出否，得妾以其子，无咎。 *(本爻意旨除舊新，可得無咎)*

《象》曰：鼎顛趾，未悖ㄅㄟˋ也。利出否，以從貴也。*(悖：違背常理)*

九二，鼎有實，我仇有疾，不我能即，吉。*(仇：敵人，即革新的反對者)*

(本爻意旨除舊布新之時，衹要美德充實，守舊派雖疾恨亦無損於我)

《象》曰：鼎有實，慎所之也。我仇有疾，終无尤也。

九三，鼎耳革，其行塞，雉ㄓˋ膏不食。方雨虧悔，終吉。

(塞：阻塞；雉膏：野雞湯；虧：損，消失)

《象》曰：鼎耳革，失其義也。

九四，鼎折足，覆公餗ㄙㄨˋ，其形渥ㄨㄛˋ，凶。 *(公餗：王公的美食；渥：沾濡之狀)*

《象》曰：覆公餗，信如何也。

六五，鼎黃耳金鉉ㄒㄩㄢˋ，利貞。 *(鉉：舉鼎的器具，即鼎扛)*

《象》曰：鼎黃耳，中以為實也。

上九，鼎玉鉉，大吉，无不利。

《象》曰：玉鉉在上，剛柔節也。

51. 震卦 ䷲ 震下震上　雷霆、震動、驚恐，當頭棒喝

卦辭：震亨，震來虩ㄒㄧˋ虩，笑言啞啞。震驚百里，不喪匕ㄅㄧˇ鬯ㄔㄤˋ。

(虩虩：恐懼之狀；啞：音ㄜˋ，笑語聲，匕鬯：宗廟祭禮用物，引申社稷)

《象》曰：震亨，震來虩虩，恐致福也。笑言啞啞，後有則也。震驚百里，驚遠而懼邇也。出可以守宗廟社稷，以為祭主也。

《象》曰：洊ㄐㄧㄢˋ雷震，君子以恐懼脩ㄒㄧㄡ省。 *(洊雷：雷再次震動；脩省：修美自身)*

初九，震來虩虩，後笑言啞啞，吉。

《象》曰：震來虩ㄒㄧˋ虩，恐致福也。笑言啞啞，後有則也。

六二，震來厲，億喪貝ㄅㄟˋ，躋ㄐㄧ于九陵。勿逐ㄓㄨˊ，七日得。*(躋：登；逐：追尋)*

《象》曰：震來厲，乘剛也。

六三，震蘇蘇，震行无眚ㄕㄥˇ。 *(蘇蘇：恐懼不安之狀，震行：內心因震恐而慎行)*

《象》曰：震蘇蘇，位不當也。

九四，震遂ㄙㄨㄟˋ泥。 *(本爻意旨震時恐懼過甚，以致墜入泥淖，不能自拔)*

《象》曰：震遂泥，未光也。

六五，震往來厲，億无喪有事。

《象》曰：震往來厲，危行也。其事在中，大无喪也。

上六，震索索，視矍ㄐㄩㄝˊ矍，征凶。震不于其躬，于其鄰，无咎。婚媾有言。

(索索：畏縮難行之狀；矍矍：旁顧不安之狀，有言：有閑言)

《象》曰：震索索，中未得也。雖凶无咎，畏鄰戒也。

52. 艮卦 ䷳ 艮下艮上　停止，重山阻擋去路

卦辭：艮其背，不獲其身。行其庭，不見其人，无咎。

《彖》曰：艮，止也。時止則止，時行則行，動靜不失其時，其道光明。艮其止，止其所也。上下敵應，不相與也。是以不獲其身，行其庭不見其人，无咎也。

《象》曰：兼山艮，君子以思不出其位。

初六，艮其趾，无咎，利永貞。

《象》曰：艮其趾，未失正也。

六二，艮其腓ㄈㄟˊ，不拯ㄓㄥˇ其隨，其心不快。*(腓：小腿肚，拯：「通」承，上承)*

《象》曰：不拯其隨，未退聽也。

九三，艮其限，列其夤ㄧㄣˊ，厲薰ㄒㄩㄣ心。*(列：裂；夤：夾脊肉；薰：薰灼)*

《象》曰：艮其限，危薰心也。

六四，艮其身，无咎。

《象》曰：艮其身，止諸躬也。

六五，艮其輔，言有序，悔亡。*(輔：顎，說話的器官)*

《象》曰：艮其輔，以中正也。

上九，敦艮吉。*(敦：敦厚)*

《象》曰：敦艮之吉，以厚終也。

53. 漸卦 ䷴ 艮下巽上　緩慢逐步前進，循序漸進

卦辭：漸，女歸吉，利貞。

《彖》曰：漸之進也，女歸吉也。進得位，往有功也。進以正，可以正邦也。其位剛得中也。止而巽，動不窮也。

《象》曰：山上有木，漸，君子以居賢德善俗。

初六，鴻漸于干，小子厲，有言，无咎。

《象》曰：小子之厲，義无咎也。

六二，鴻漸于磐ㄆㄢˊ，飲食衎ㄎㄢˋ衎，吉。*(磐：磐石；衎衎：和樂飽足貌)*

《象》曰：飲食衎衎，不素飽也。

九三，鴻漸于陸，夫征不復，婦孕不育，凶。利禦寇。

《象》曰：夫征不復，離群醜也。婦孕不育，失其道也。利用禦寇，順相保也。

六四，鴻漸于木，或得其桷ㄐㄧㄠˇ，无咎。 *(桷：平展的樹枝)*

《象》曰：或得其桷，順以巽也。

九五，鴻漸于陵，婦三歲不孕。終莫之勝，吉。

《象》曰：終莫之勝吉，得所願也。

上九，鴻漸于陸，其羽可用為儀，吉。 *(儀：儀飾)*

《象》曰：其羽可用為儀吉，不可亂也。

54. 歸妹卦 ䷵ 兌下震上　女子嫁人曰歸，少女曰妹。歸妹即家中少女出嫁

卦辭：歸妹，征凶，无攸利。

《彖》曰：歸妹，天地之大義也，天地不交而萬物不興。歸妹，人之終始也。說以動，所歸妹也。征凶，位不當也。无攸利，柔乘剛也。

《象》曰：澤上有雷，歸妹，君子以永終知敝。

初九，歸妹以娣ㄉㄧˋ，跛ㄅㄛˇ能履，征吉。 *(娣：妹陪姐同嫁一人，稱妹為娣；)*

《象》曰：歸妹以娣，以恆也。跛能履，吉相承也 。

九二，眇ㄇㄧㄠˇ能視　，利幽人之貞。 *(眇：瞎一隻眼睛；幽：幽靜恬淡)*

《象》曰：利幽人之貞，未變常也。

六三，歸妹以須，反歸以娣。 *(須：期待)*

《象》曰：歸妹以須，未當也。

九四，歸妹愆ㄑㄧㄢ期，遲歸有時。 *(愆：錯過，延期；遲歸：晚嫁)*

《象》曰：愆期之志，有待而行也。

六五，帝乙歸妹，其君之袂ㄇㄟˋ不如其娣之袂良。月幾望，吉。 *(袂：衣袖)*

《象》曰：帝乙歸妹，不如其娣之袂良也。其位在中，以貴行也。

上六，女承筐ㄎㄨㄤ无實，士刲ㄎㄨㄟ羊无血，无攸利。 *(承：捧；刲：殺)*

《象》曰：上六无實，承虛筐也。

55. 豐卦　䷶　離下震上　豐富，盛大

卦辭：豐，亨，王假之。勿憂，宜日中。 *(假：音格，至；之：指豐大的境界)*

《彖》曰：豐，大也。明以動，故豐。王假之，尚大也。勿憂，宜日中，宜照天下也。日中則昃ㄗㄜˋ，月盈則食，天地盈虛，與時消息，而況於人乎？況於鬼神乎？

《象》曰：雷電皆至，豐，君子以折獄致刑。 *(折獄：決斷審理案件；致刑：動用刑罰)*

初九，遇其配主，雖旬无咎，往有尚。 (旬：十日)

《象》曰：雖旬无咎，過旬災也。

六二，豐其蔀ㄅㄨˋ，日中見斗。往得疑疾，有孚發若，吉。 *(蔀：日蔽於雲中)*

《象》曰：有孚發若，信以發志也。

九三，豐其沛ㄆㄟˋ，日中見沬ㄇㄟˋ。折其右肱ㄍㄨㄥ，无咎。

(沛：日在雲下而不明)；沬：小星；肱：臂)

《象》曰：豐其沛，不可大事也。折其右肱，終不可用也。

九四，豐其蔀，日中見斗，遇其夷主，吉。 *(夷主：均等之主，指初九)*

《象》曰：豐其蔀，位不當也。日中見斗，幽不明也。遇其夷主，吉行也。

六五，來章，有慶譽，吉。 (章：文采，喻賢才)

《象》曰：六五之吉，有慶也。

上六，豐其屋，蔀其家。闚ㄍㄨㄟ其戶，闃ㄑㄩˋ其无人，三歲不覿ㄉㄧˊ，凶。

(闚：窺視；闃：寂靜；覿：見)

《象》曰：豐其屋，天際翔也。闚其戶，闃其无人，自藏也。

56. 旅卦 ䷷ 艮下離上 羇旅在外、客居他鄉，失去住所

卦辭：旅，小亨，旅貞吉。

《彖》曰：旅，小亨，柔得中乎外而順乎剛，止而麗乎明，是以小亨，旅貞吉也。旅之時義大矣哉！

《象》曰：山上有火，旅，君子以明慎用刑而不留獄。

初六，旅瑣ㄙㄨㄛˇ瑣，斯其所取災。 *(瑣瑣：卑賤猥瑣之狀)*

《象》曰：旅瑣瑣，志窮災也。

六二，旅即次，懷其資，得童僕貞。 *(即：就，止宿；次：客舍；懷：攜帶)*

《象》曰：得童僕貞，終无尤也。

九三，旅焚ㄈㄣˊ其次，喪其童僕，貞厲。 *(焚：燒毀)*

《象》曰：旅焚其次，亦以傷矣。以旅與下，其義喪也。

九四，旅于處，得其資斧，我心不快。 *(處：暫棲之所，非為安居之「次」)*

《象》曰：旅于處，未得位也。得其資斧，心未快也。

六五，射雉ㄓˋ，一矢亡，終以譽命。

《象》曰：終以譽命，上逮也。

上九，鳥焚其巢，旅人先笑後號咷。喪牛于易，凶。*(號咷：大哭)*

《象》曰：以旅在上，其義焚也。喪牛于易，終莫之聞也。

57. 巽卦 ䷸ 巽下巽上　申命，順服、潛伏、進入。

卦辭：巽，小亨，利有攸往，利見大人。

《彖》曰：重巽以申命，剛巽乎中正而志行，柔皆順乎剛，是以小亨，利有攸往，利見大人。

《象》曰：隨風巽，君子以申命行事。

初六，進退，利武人之貞。 *(進退：進退猶豫；武人：勇武之人)*

《象》曰：進退，志疑也；利武人之貞，志治也。

九二，巽在牀下，用史巫紛若，吉，无咎。

(用：指效法；史：向神禱告者；巫：降神者；紛若：勤敏紛繁之狀)

《象》曰：紛若之吉，得中也。

九三，頻巽，吝。 *(頻：通「顰ㄆㄧㄣˊ」，即顰蹙ㄘㄨˋ不樂)*

《象》曰：頻巽之吝，志窮也。

六四，悔亡，田獲三品。 *(田：畋獵)*

《象》曰：田獲三品，有功也。

九五，貞吉，悔亡，无不利。无初有終，先庚三日，後庚三日，吉。

《象》曰：九五之吉，位正中也。

上九，巽在牀下，喪其資斧，貞凶。

《象》曰：巽在牀下，上窮也。喪其資斧，正乎凶也。

58. 兌卦 ䷹ 兌下兌上　對談、喜悅

卦辭：兌ㄉㄨㄟˋ，亨利貞。

《彖》曰：兌，說也。剛中而柔外，說以利貞，是以順乎天而應乎人。說以先民，民忘其勞；說以犯難，民忘其死。說之大，民勸矣哉！

《象》曰：麗澤兌，君子以朋友講習。

初九，和ㄏㄜˊ兌ㄉㄨㄟˋ吉。 *(和：平和)*

《象》曰：和兌之吉，行未疑也。

九二，孚兌吉，悔亡。

《象》曰：孚兌之吉，信志也。

六三，來兌凶。 *(來兌：前來取悅於人)*

《象》曰：來兌之凶，位不當也。

九四，商兌未寧，介疾有喜。 *(商：忖度，思量；寧：安寧；介：隔絕；疾：疾患)*

《象》曰：九四之喜，有慶也。

九五，孚于剝，有厲。 *(剝：消剝。指消剝陽的陰柔小人)*

《象》曰：孚于剝，位正當也。

上六，引兌。 *(引兌：引誘別人相與欣悅)*

《象》曰：上六引兌，未光也。

59. 渙卦 ䷺ 坎下巽上　渙散、離散，化解危險

卦辭：渙，亨。王假ㄐㄧㄚˇ有廟，利涉大川，利貞。 *(假：大)*

《彖》曰：渙亨，剛來而不窮，柔得位乎外而上同。王假有廟，王乃在中也。利涉大川，乘木有功也。

《象》曰：風行水上，渙，先王以享于帝立廟。

初六，用拯馬壯，吉。

《象》曰：初六之吉，順也。

九二，渙奔其机，悔亡。

《象》曰：渙奔其机，得願也。

六三，渙其躬，无悔。 *(躬：自身)*

《象》曰：渙其躬，志在外也。

六四，渙其群，元吉。渙有丘，匪夷所思。 *(群：小集團；丘：喻大的團體)*

《象》曰：渙其群元吉，光大也。

九五，渙汗其大號，渙王居，无咎。

(渙汗：散發汗水；大號：盛大的號令；居：積聚的財物)

《象》曰：王居无咎，正位也。

上九，渙其血去逖ㄊㄧˋ出，无咎。 *(血：血泊，喻危險；逖：通「惕」，憂懼)*

《象》曰：渙其血，遠害也。

60. 節卦 ䷻ 兌下坎上　節制、節約，調節，適可而止

卦辭：節，亨。苦節不可貞。

《彖》曰：節亨，剛柔分而剛得中。苦節不可貞，其道窮也。說以行險，當位以節，中正以通，天地節而四時成。節以制度，不傷財，不害民。

《象》曰：澤上有水，節，君子以制數度，議德行。

初九，不出戶庭，无咎。 *(戶庭：戶外門內的庭院)*

《象》曰：不出戶庭，知通塞也。

九二，不出門庭，凶。 *(門庭：門外庭院)*

《象》曰：不出門庭凶，失時極也。

六三，不節若，則嗟ㄐㄧㄝ若，无咎。 *(嗟：嗟歎)*

《象》曰：不節之嗟，又誰咎也？

六四，安節，亨。 *(安：安詳自然)*

《象》曰：安節之亨，承上道也。

九五，甘節，吉，往有尚。 *(甘：甘心；尚：尊尚)*

《象》曰：甘節之吉，居位中也。

上六，苦節，貞凶，悔亡。 *(苦：過苦，過分)*

《象》曰：苦節貞凶，其道窮也。

61. 中孚卦 ䷼ 兌下巽上　內懷忠信。虛心於內，誠實於外

卦辭：中孚，豚ㄊㄨㄣˊ魚吉。利涉大川，利貞。

《彖》曰：中孚，柔在內而剛得中，說ㄩㄝˋ而巽，孚乃化邦也。豚魚吉，信及豚魚也。利涉大川，乘木舟虛也。中孚以利貞，乃應乎天也。

《象》曰：澤上有風，中孚，君子以議獄緩死。

初九，虞吉，有它不燕。*(虞：安；它：音托，指不誠信之心；燕：通「晏」，安樂)*

《象》曰：初九虞吉，志未變也。

九二，鳴鶴在陰，其子和之。我有好爵，吾與爾靡ㄇㄧˇ之。

《象》曰：其子和之，中心願也。

六三，得敵，或鼓或罷，或泣或歌。

(鼓：擊鼓進攻；罷：止而不前；泣：悲傷哭泣；歌：歡樂而歌)

《象》曰：或鼓或罷，位不當也。

六四，月幾望，馬匹亡，无咎。 *(幾望：月將滿而未盈；匹：匹配)*

《象》曰：馬匹亡，絕類上也。 (類：承從；上：指上之九五)

九五，有孚攣ㄌㄨㄢˊ如，无咎。 *(攣如：牽繫之狀)*

《象》曰：有孚攣如，位正當也。

上九，翰ㄏㄢˋ音登于天，貞凶。 *(翰音：飛鳥的鳴聲)*

《象》曰：翰音登于天，何可長也。

62. 小過卦 ䷽ 艮下震上　陰氣過盛，小的過錯，小小超過

卦辭：小過，亨，利貞。可小事，不可大事。飛鳥遺之音，不宜上，宜下，大吉。

《彖》曰：小過，小者過而亨也。過以利貞，與時行也。柔得中，是以小事吉也。剛失位而不中，是以不可大事也。有飛鳥之象焉，飛鳥遺之音，不宜上，宜下，大吉，上逆而下順也。

《象》曰：山上有雷，小過，君子以行過乎恭，喪過乎哀，用過乎儉。

初六，飛鳥以凶。 *(本爻意旨所過太甚，好高務遠，必致凶險)*

《象》曰：飛鳥以凶，不可如何也。

六二，過其祖，遇其妣ㄅㄧˇ。不及其君，遇其臣，无咎。 *(妣：祖母)*

《象》曰：不及其君，臣不可過也。

九三，弗過防之，從或戕ㄑㄧㄤˊ之，凶。*(戕：戕害)*

《象》曰：從或戕之，凶如何也？

九四，无咎，弗過遇之，往厲必戒，勿用永貞。

《象》曰：弗過遇之，位不當也。往厲必戒，終不可長也。

六五，密雲不雨，自我西郊，公弋ㄧˋ取彼在穴ㄒㄩㄝˋ。 *(弋：帶有細繩的箭，可收回)*

《象》曰：密雲不雨，已上也。

上六，弗遇過之，飛鳥離之，凶，是謂災眚ㄕㄥˇ。 *(離：通「罹」，遭受)*

《象》曰：弗遇過之，已亢ㄎㄤˋ也。

63. 既濟卦 ䷾ 離下坎上　已經渡河、條件已成，水火相濟而調和

卦辭：既濟，亨小，利貞，初吉終亂。

《彖》曰：既濟亨，小者亨也。利貞，剛柔正而位當也。初吉，柔得中也。
　　終止則亂，其道窮也。

《象》曰：水在火上，既濟，君子以思患而豫ㄩˋ防之。

初九，曳ㄧˋ其輪，濡ㄖㄨˊ其尾，无咎。 *(曳：拖曳；濡：霑濕)*

《象》曰：曳其輪，義无咎也。

六二，婦喪其茀ㄈㄨˊ，勿逐ㄓㄨˊ，七日得。 *(茀：婦女頭上的首飾)*

《象》曰：七日得，以中道也。

九三，高宗伐ㄈㄚ鬼方，三年克之。小人勿用。

《象》曰：三年克之，憊ㄅㄟˋ也。

六四，繻ㄒㄩ有衣袽ㄖㄨˊ，終日戒。 *(繻：彩帛，指美好的服飾；袽：敗絮，指破敗的衣服)*

《象》曰：終日戒，有所疑也。

九五，東鄰殺牛，不如西鄰之禴ㄩㄝˋ祭，實受其福。 *(禴祭：薄祭)*

《象》曰：東鄰殺牛，不如西鄰之時也。實受其福，吉大來也。

上六，濡ㄖㄨˊ其首，厲。 *(本爻意旨事成至極而盲動，必喪其成而致危)*

《象》曰：濡其首厲，何可久也？

64. 未濟卦 ䷿ 坎下離上 尚未濟渡，冷熱不調

卦辭：未濟，亨。小狐汔ㄑㄧˋ 濟ㄐㄧˋ，濡ㄖㄨˊ其尾，无攸利。 *(汔濟：渡河接近成功)*

《彖》曰：未濟，亨，柔得中也。小狐汔濟，未出中也。濡其尾，无攸利，不續終也。雖不當位，剛柔應也。

《象》曰：火在水上，未濟，君子以慎辨物居方。

初六，濡其尾，吝。

《象》曰：濡其尾，亦不知極也。

九二，曳ㄧˋ 其輪，貞吉。

《象》曰：九二貞吉，中以行正也。

六三，未濟，征ㄓㄥ 凶，利涉大川。 *(征：急於前行)*

《象》曰：未濟征凶，位不當也。

九四，貞吉悔亡，震用伐鬼方，三年有賞于大國。 *(震：動，指勇武果敢的行動)*

《象》曰：貞吉悔亡，志行也。

六五，貞吉无悔，君子之光，有孚，吉。

《象》曰：君子之光，其暉吉也。

上九，有孚于飲酒，无咎。濡其首，有孚失是。

《象》曰：飲酒濡首，亦不知節也。

參考書目

郭建勳 (1996)，新譯易經讀本，台北，三民書局

成中英 (2016)，C 理論：易經管理哲學，台北：東大圖書公司。

李智明 (2013)，管理學全圖解，新北：雅各文創有限公司。

林金郎 (2009)，用《易經》做對管理，台北：創見文化。

陳明德 (2014)，易經與管理，台北：中華奉元學會。

傅佩榮 (2023)，傅佩榮講道德經，台北：立緒文化事業有限公司。

曾仕強 (2011)，洞察易經的奧祕：易經管理的智慧，北京：北京大學出版社。

曾仕強 (2013)，易經的智慧(套書 1-6)，陝西：陝西師範大學出版總社有限公司。

曾仕強 (2014)，被領導的藝術，北京：北京聯合出版公司。

曾仕強 (2014)，道德經的奧祕，台北：曾仕強文化事業有限公司。

曾仕強 (2015)，易經的奧祕，台北：曾仕強文化事業有限公司。

鍾茂基 (2008)，易學初階，台北：武凌出版有限公司。

蘇偉信，侯秀慧，劉純佑 譯 (2018)，哈佛教你精修管理力：17 個讓領導人從 A 到 A+的必備技能，台北：遠見天下五化出版股份有限公司。

李嵩賢 (2004)，管理思潮及研究方法的發展，人事月刊第 38 卷第 3 期。

管理學：理解中國古代管理思想要點主要內容啟示，<https://kknews.cc/zh-tw/history/xn65e3r.html>

管理就是管人和理事，做好這 2 件事，你就是卓越管理。<https://kknews.cc/zh-tw/career/emnxxzy.html>

許士軍，管理是一種生活方式，遠見雜誌。<https://www.gvm.com.tw/article/8627>

美式管理五大特徵，<https://kknews.cc/zh-tw/career/bkaoj26.html

美式作風、台式管理、那一種風格適合你。<https://brian8687.pixnet.net/blog/post/204252621-

知識與智慧。來自 <https://tjc.org/elib-single-item-display/?langid=5&itemid=17839&type=pub>

歷史上最經典的十大管理理論 <https://www.epochtimes.com/b5/9/5/23/n2535325.htm>

管理思想的演進。<https://www.3people.com.tw/>

甚麼是智慧。<https://www.charactercity.hk/?p=2205>

知識和智慧有什麼區別。<https://www.getit01.com/pw20190809365237503/>

國家圖書館出版品預行編目(CIP)資料

管理真的很容易：讓管理從「逆境」到「順境」的心思維 / 廖俊偉編著. -- 初版. -- 台北市：廖俊偉, 2024.05

面； 公分

ISBN 978-626-01-2594-3(平裝)

1.CST: 易經 2.CST: 企業管理 3.CST: 思維方法

494　　113003854

書　　名　管理真的很容易：讓管理從「逆境」到「順境」的心思維

編　　著　廖俊偉

出　　版　廖俊偉

地　　址　台北市文山區羅斯福路六段 322 號 6 樓

E-mail address　cwliao48@gmail.com

電　　話　(02) 29320439

出版日期　2024 年 5 月 初版

代理經銷　白象文化事業有限公司

地　　址　台中市東區和平街 228 巷 44 號

電　　話　(04) 2220-8589

傳　　真　(04) 2220-8505